换流站消防验收

国网四川省电力公司特高压直流中心　组编

中国电力出版社
CHINA ELECTRIC POWER PRESS

内 容 提 要

本书围绕换流站消防验收，介绍了换流站建（构）筑物防火相关知识，并以图示化演示与理论讲解相结合，对换流站常见消防系统验收问题进行了详细说明。本书共4章，第1章为换流站建（构）筑物防火相关知识，第2章为换流站常见消防系统，第3章为电气消防常见问题，第4章为电力系统建设工程消防验收相关知识，结合《建设工程消防设计审查验收管理暂行规定》和《四川省建设工程消防设计审查验收工作实施细则（试行）》（川建行规〔2021〕2号）对特殊建设工程及其他建设工程消防设计、验收工作流程进行了简要讲解。

本书可作为换流站运维一线员工消防安全和技术培训教材，也可供从事换流站消防施工、验收工作的工程技术人员、消防人员自学和查阅使用。

图书在版编目（CIP）数据

换流站消防验收/国网四川省电力公司特高压直流中心组编. —北京：中国电力出版社，2024.3（2024.8 重印）
ISBN 978-7-5198-8702-5

Ⅰ.①换… Ⅱ.①国… Ⅲ.①换流站－消防－工程验收 Ⅳ.① TM63

中国国家版本馆 CIP 数据核字（2024）第 039197 号

出版发行：中国电力出版社
地 址：北京市东城区北京站西街 19 号（邮政编码 100005）
网 址：http://www.cepp.sgcc.com.cn
责任编辑：罗 艳（010-63412315）
责任校对：黄 蓓 常燕昆
装帧设计：张俊霞
责任印制：石 雷

印 刷：三河市万龙印装有限公司
版 次：2024 年 3 月第一版
印 次：2024 年 8 月北京第二次印刷
开 本：710 毫米 ×1000 毫米 16 开本
印 张：9.5
字 数：156 千字
定 价：88.00 元

随着直流输电技术的快速发展，换流站已经成为跨区跨省能源传输通道的重要支点，换流站的安全已成为大电网安全的重要一环，更是关系到全社会的经济效益和社会稳定。

换流站作为国家电力系统重点单位，站内运行设备数量多、技术复杂、运行温度高，属于国家重点消防防火单位。电力设备一旦发生火灾，燃烧速度极快，短时间内就可能造成设备损坏，甚至造成大范围停电。充油电力设备如变压器等故障后可能会喷油，甚至爆炸，造成火灾蔓延。为此，换流站内配置了复杂完善的各类消防系统。

为了消除消防安全隐患，指导换流站运维人员高效地开展消防验收工作，国网四川省电力公司特高压直流中心组建了换流站消防验收编写小组，本书内容分为4章，第1章为换流站建（构）筑物防火相关知识，第2章为换流站常见消防系统，第3章为电气消防常见问题，第4章为电力系统建设工程消防验收相关知识，结合《建设工程消防设计审查验收管理暂行规定》和《四川省建设工程消防设计审查验收工作实施细则（试行）》（川建行规〔2021〕2号）对特殊建设工程及其他建设工程消防设计、验收工作流程进行了简要讲解。

由于编者水平有限，难免存在不妥之处，恳请广大读者指正。

编　者

2023 年 10 月

目 录

第1章 换流站建（构）筑物防火

1.1 建（构）筑物火灾危险性分类、耐火等级、防火间距

1.1.1 建（构）筑物火灾危险性分类及耐火等级

建（构）筑物火灾危险性分类及耐火等级见表 1-1。

表 1-1　　　　　　　　建（构）筑物火灾危险性分类及耐火等级

序号	建（构）筑物名称		火灾危险性分类	最低耐火等级
1	控制楼、阀厅、主控通信楼		丁	二级
2	继电器室		丁	二级
3	配电装置室（楼）	单台设备充油量 60kg 以上	丙	二级
		单台设备充油量 60kg 及以下	丁	二级
		无含油电气设备	戊	二级
4	综合水泵房、取水泵房（或深井泵房）雨淋阀间（或泡沫消防间）、选择阀室、消防小间		戊	二级
5	空冷器室		戊	二级
6	水处理室		戊	二级
7	事故油池		丙	一级
8	检修备品库	有含油设备	丁	二级
		无含油设备	戊	二级
9	备用干式平波电抗器室		戊	二级
10	户内直流开关场空调设备间		戊	二级
11	油浸变压器室		丙	二级
12	气体或干式变压器室		丁	二级

1.1.2 防火间距

站区建（构）筑物防火间距和消防车道布置应符合《火力发电厂与变电站设计防火标准》（GB 50229—2019）和《建筑设计防火规范（2018 年版）》（GB 50016—2014）的有关规定。建（构）筑物及设备的防火间距见表 1-2，特高压站内单台油量为 2500kg 及以上的屋外油浸变压器之间、屋外油浸电抗器之间的最小间距见表 1-3。

表 1-2　　　　建（构）筑物及设备的防火间距（m）

建（构）筑物、设备名称			丙、丁、戊类生产建筑耐火等级	屋外配电装置油量（t）		换流变压器、油浸变压器、油浸电抗器单台设备油量（t）			可燃介质电容器	事故油池	生活建筑耐火等级
			一、二级	＜1	≥1	≥5 ≤10	＞10 ≤50	＞50			一、二级
丙、丁、戊类生产建筑	耐火等级	一、二级	10	—	10	10			10	5	10
		三级	12								12
屋外配电装置油量（t）		＜1	—	—					10	5	10
		≥1	10						10	5	10
换流变压器、油浸变压器、油浸电抗器单台设备油量（t）		≥5 ≤10	10	见（2）		见表 1-3			10	5	15
		＞10 ≤50									20
		＞50									25
可燃介质电容器			10	10		10			见（2）	5	15
事故油池			5	5		5			5	—	10
生活建筑	耐火等级	一、二级	10	10		15	20	25	15	10	6

注　1．生活建筑包含综合楼、警传室等附属建筑。
　　2．本表中"—"为不做要求。

表 1-3　　　　　特高压站内单台油量为 2500kg 及以上的屋外油浸变压器之间、
屋外油浸电抗器之间的最小间距

电压等级	最小间距（m）	电压等级	最小间距（m）
35kV 及以下	5	220kV 及 330kV	10
66kV	6	500kV 及 750kV	15
110kV	8	1000kV	17

注　换流变压器的电压等级应按交流侧的电压选取。

（1）总油量为 2500kg 及以上的并联电容器组或箱式电容器，相互之间的防火间距不应小于 5m，当间距不满足该要求时应设置防火墙。

（2）油量为 2500kg 及以上的屋外油浸变压器或高压电抗器与油量 600kg 以上的带油电气设备之间的防火间距不应小于 5m。

（3）建（构）筑物防火间距应按相邻建（构）筑物外墙的最近水平距离计算，如外墙有凸出的可燃或难燃构件时，则应从其凸出部分外缘算起；变压器之间的防火间距应为相邻变压器外壁的最近水平距离；变压器与带油电气设备的防火间距应为变压器和带油电气设备外壁的最近水平距离；变压器与建筑物的防火间距应为变压器外壁与建筑外墙的最近水平距离。

（4）相邻两座建筑较高一面的外墙如为防火墙时，其防火间距不限；两座一、二级耐火等级的建筑，当相邻较低一面外墙为防火墙且较低一座建筑屋顶无天窗，屋顶耐火极限不低于 1.00h，或相邻较高一面外墙的门、窗等开口部位设置甲级防火门、窗或防火分隔水幕时，其防火间距不应小于 4m。

（5）相邻两座建筑两面的外墙均为不燃烧墙体且无外露的可燃性屋檐，每面外墙上的门、窗、洞口面积之和各不大于外墙面积的 5%，且门、窗、洞口不正对开设时，其防火间距可按表 1-2 减少 25%。

（6）当建筑物距屋外油浸式变压器、换流变压器或可燃介质电容器等电气设备间距小于 5m 时，在设备外轮廓投影范围外侧各 3m 内的建筑物外墙上部不应设置门、窗、洞口和通风孔，且该区域外墙应为防火墙，当设备高于建筑物时，防火墙应高于该设备的高度；当建筑物外墙外 5 ～ 10m 范围内布置有变压器或可燃介质电容器等电气设备时，且该区域外墙应为防火墙，在上述外墙上可设置甲级防火门，设备高度以上可设置甲级防火窗。

（7）当工艺需要油浸变压器等电气设备有电气套管穿越防火墙时，防火墙上的开口应采用耐火极限为 3h 的防火封堵材料或防火封堵系统进行封堵。

1.2 建（构）筑物的防火分区、安全疏散

1.2.1 防火分区

（1）站内建筑物每个防火分区的最大允许建筑面积应符合《火力发电厂与变电站设计防火标准》（GB 50229—2019）和《建筑设计防火规范（2018年版）》（GB 50016—2014）的有关规定。

（2）换流站控制楼、阀厅、户内直流开关场等建筑毗邻布置时可按同一建筑物划分防火分区，每个防火分区的安全出口不应少于2个。

（3）同一建筑物内的各防火分区有不同火灾危险性时，同一建筑物的火灾危险性类别应按火灾危险性较大的部分确定；当火灾危险性较大的房间占本层或本防火分区建筑面积的比例小于5%，且发生火灾事故时不足以蔓延至其他部位或火灾危险性较大的部分采取了有效的防火措施时，可按火灾危险性较小的部分确定。

（4）每个防火分区之间应采用防火墙分隔，防火墙上不应开设门、窗、洞口。确需要开设时，应设置不可开启的甲级防火窗或火灾时能自动关闭的甲级防火门窗。

1.2.2 安全疏散

（1）站内建筑物每个防火分区或一个防火分区内的每个楼层，其安全出口的数量应经计算确定，且不应少于2个；当符合下列条件时，可设置1个安全出口：

1）丙类建筑物，每层建筑面积不大于250m^2，且同一时间的作业人数不超过20人。

2）丁、戊类建筑物，每层建筑面积不大于400m^2，且同一时间的作业人数不超过30人。

（2）主控通信楼中的值班休息室集中布置时，值班休息区宜为单独的防火分区，值班休息防火分区可利用防火墙上通向相邻防火分区的甲级防火门作为第二安全出口。

（3）建筑物内疏散楼梯的最小净宽度不宜小于1.10m，疏散走道的最小净

宽度不宜小于 1.40m，疏散门的最小净宽度不宜小于 0.90m。首层外门的总净宽度应按该层及以上疏散人数最多一层的疏散人数计算，且该门的最小净宽度不应小于 1.20m。

（4）建筑物内的操作平台、检修平台，当使用人数少于 10 人时，平台的面积可不计入所在防火分区的建筑面积内。阀厅内巡视平台不计入阀厅建筑面积，阀厅巡视平台可仅设置一个通向控制楼的检修出入口。

（5）建筑面积超过 250m² 控制室、通信机房、配电装置室、电容器室、阀厅、户内直流开关场、电缆夹层，其疏散门不宜少于 2 个。

（6）换流站阀冷设备间及水泵房下泵坑的楼梯可采用敞开金属梯，但其净宽度不应小于 0.90m，倾斜角度不宜大于 45°。

1.2.3 消防救援

（1）控制楼、主控通信楼、综合楼、配电装置楼等 2 层及以上建筑物，外墙应在每层的适当位置设置可供消防救援人员进入的窗口或出入口，每个防火分区不应少于 2 个。

（2）建筑物首层对外疏散门可作为消防救援入口。

（3）供消防救援人员进入的窗口的净高度和净宽度均不应小于 1.0m，下沿距室内地面不宜大于 1.2m，间距不宜大于 20m。窗口的玻璃应易于破碎，并应设置可在室外易于识别的明显标志。

1.3 建（构）筑物防火构造

1.3.1 阀厅建筑防火构造

（1）阀厅靠近换流变压器侧墙体设置为防火墙，防火墙的耐火极限不应低于 3.00h。

（2）阀厅屋面围护结构耐火极限不应低于 0.50h，换流变压器侧防火墙不应低于屋面檐口。

（3）毗邻布置的低端阀厅之间的防火墙应高出屋脊 0.5m 以上。

（4）阀厅外墙、屋面保温材料燃烧性能应为 A 级；地面装修材料燃烧性能不应低于 B1 级。

（5）阀厅的柱、梁、屋顶承重构件均应采用不燃性材料；柱耐火极限不应低于 2.00h；梁耐火极限不应小于 1.50h；屋顶承重构件的耐火极限不应小于 1.00h；作为防火墙承重结构的梁、柱的耐火极限不应低于防火墙的耐火极限。

（6）阀厅柱间支撑的设计耐火极限应与柱相同，屋盖支撑和系杆的设计耐火极限应与屋顶承重构件相同。

1.3.2 控制楼建筑防火构造

（1）控制楼内交流配电室、蓄电池室、空调设备间及楼梯间的墙体宜为不燃材料且耐火极限不应小于 2h，楼板耐火极限不应小于 1.5h；主控室、控制保护设备室、通信机房、阀冷却设备室的墙体宜为不燃材料且耐火极限不应低于 0.5h，楼板耐火极限不应低于 1h；疏散走道两侧隔墙耐火极限不应小于 1h。

（2）控制楼外墙、屋面保温材料燃烧性能不应低于 B1 级；当外墙保温材料燃烧性能为 B1 级时，应在保温系统中每层设置水平防火隔离带。防火隔离带应采用燃烧性能为 A 级的材料，防火隔离带的高度不应小于 300mm。当建筑的屋面和外墙外保温系统均采用 B1 级材料时，屋面与外墙之间应宽度不小于 500mm 的不燃材料设置防火隔离带进行分隔。建筑的外墙外保温系统应采用不燃材料在其表面设置防护层，防护层应将保温材料完全包覆。当采用 B1 级保温材料时，防护层厚度首层不应小于 15mm，其他层不应小于 5mm。

（3）控制楼室内顶棚装修材料燃烧性能应为 A 级；主控室、阀冷设备间、空调设备间、控制保护设备室、蓄电池室、通信机房、站控辅助设备室、排烟机房及疏散楼梯间内墙面装修材料燃烧性能应为 A 级，其余房间内墙面装修材料燃烧性能不应低于 B1 级；控制室、空调设备间、排烟机房、配电室、通信机房、蓄电池室、无窗的控制保护设备室、无窗的站控辅助设备室和疏散楼梯间地面装修材料燃烧性能应为 A 级，其余房间地面装修材料燃烧性能不应低于 B1 级。

（4）控制楼内配电室、空调设备间、排烟机房开向建筑内的门应采用甲级防火门；主控室、阀冷设备间、空调设备间、控制保护设备室、蓄电池室、通信机房、站控辅助设备室开向建筑内的门应采用乙级防火门。阀厅观察窗应为固定钢制甲级防火窗，观察窗靠控制楼侧设常闭甲级防火门。封闭楼梯间应采用乙级防火门；竖井维修入口应采用丙级防火门。

（5）电气线路不应穿越或敷设在燃烧性能为 B1 或 B2 级的保温材料中；确需穿越或敷设时，应采取穿金属管并在金属管周围采用不燃隔热材料进行防火隔离等防火保护措施。设置开关、插座等电器配件的部位周围应采取不燃隔热材料进行防火隔离等防火保护措施。

（6）控制楼内部各水平和竖向防火分隔的开口部位应采取防止火灾蔓延的措施。控制楼穿楼地面洞口部分采用不低于楼板设计耐火极限的防火封堵材料封堵。

（7）消防控制室应与主控室合并设置。

1.3.3 户内直流开关场、气体绝缘全封闭组合电器（GIS）配电装置室建筑防火构造

（1）户内直流开关场与空调设备间组成联合建筑时，户内直流开关场与空调设备间之间的隔墙应采用防火墙。

（2）户内直流开关场、GIS 配电装置室外墙、屋面保温材料燃烧性能应为 A 级；地面装修材料燃烧性能不应低于 B1 级。

（3）户内直流开关场、GIS 配电装置室的柱、梁、屋顶承重构件均应采用不燃性材料，柱的耐火极限不应小于 2h、梁的耐火极限不应小于 1.5h，屋顶承重构件的耐火极限不应小于 1h；作为防火墙承重结构的梁、柱等的耐火极限不应低于防火墙的耐火极限。

（4）户内直流开关场、GIS 配电装置室柱间支撑的设计耐火极限应与柱相同，楼盖支撑的设计耐火极限应与梁相同，屋盖支撑和系杆的设计耐火极限应与屋顶承重构件相同。

1.3.4 主控通信楼建筑防火构造

（1）主控通信楼内交流配电室、蓄电池室及楼梯间的墙体宜为不燃材料且耐火极限不应小于 2h，楼板耐火极限不应小于 1h，主控室、计算机室、通信机房的墙体宜为不燃材料且耐火极限不应低于 0.5h，楼板耐火极限不应低于 1h，疏散走道两侧隔墙耐火极限不应小于 1h。

（2）主控通信楼外墙、屋面保温材料燃烧性能不应低于 B1 级；当外墙保温材料燃烧性能为 B1 级时，应在保温系统中每层设置水平防火隔离

带。防火隔离带应采用燃烧性能为 A 级的材料，防火隔离带的高度不应小于
300mm。当建筑的屋面和外墙外保温系统均采用 B1 级材料时，屋面与外墙
之间宽度不小于 500mm 的不燃材料应设置防火隔离带进行分隔。建筑的外
墙外保温系统应采用不燃材料在其表面设置防护层，防护层应将保温材料完
全包覆。当采用 B1 级保温材料时，防护层厚度首层不应小于 15mm，其他
层不应小于 5mm。

（3）主控通信楼室内顶棚装修材料燃烧性能应为 A 级；主控室、配电室、
蓄电池室、二次设备室、计算机室、蓄电池室、通信机房、空调设备间、排烟
机房、厨房及疏散楼梯间内墙面装修材料燃烧性能应为 A 级，其余房间内墙
面装修材料燃烧性能不应低于 B1 级；控制室、配电室、蓄电池室、无窗的二
次设备室、空调设备间、排烟机房、厨房和疏散楼梯间地面装修材料燃烧性能
应为 A 级；其余房间地面装修材料燃烧性能不应低于 B1 级。

（4）主控通信楼内配电室、空调设备间、排烟机房开向建筑内的门应采
用甲级防火门；计算机室、蓄电池室、通信机房、主控室、厨房开向建筑内的
门应采用钢质乙级防火门。封闭楼梯间应采用乙级防火门；竖井维修入口应采
用丙级防火门。

（5）电气线路不应穿越或敷设在燃烧性能为 B1 级或 B2 级的保温材料中；
确需穿越或敷设时，应采取穿金属管并在金属管周围采用不燃隔热材料进行防
火隔离等防火保护措施。设置开关、插座等电器配件的部位周围应采取不燃隔
热材料进行防火隔离等防火保护措施。

（6）位于建筑物内的排烟机房、配电室等开向走道的门应采用甲级防火
门，蓄电池室、厨房开向走道的疏散门应采用乙级防火门。

1.3.5 其他建筑物防火构造

（1）建筑物外墙、屋面保温材料燃烧性能不应低于 B1 级。

（2）当外墙保温材料燃烧性能为 B1 级时，应在保温系统中每层设置水平
防火隔离带。防火隔离带应采用燃烧性能为 A 级的材料，防火隔离带的高度
不应小于 300mm。建筑的外墙外保温系统应采用不燃材料在其表面设置防护
层，防护层应将保温材料完全包覆，防护层厚度首层不应小于 15mm，其他层
不应小于 5mm。

（3）站用电室、继电器室、消防水泵房、雨淋阀室、泡沫消防间、选择

阀室室内顶棚装修材料燃烧性能应为 A 级，其他设备间室内顶棚装修材料燃烧性能不应低于 B1 级。

（4）站用电室、继电器室、消防水泵房、雨淋阀室、泡沫消防间、选择阀室、油浸变压器室内墙面装修材料燃烧性能应为 A 级，其他设备间内墙面装修材料燃烧性能不应低于 B1 级。

（5）站用电室、继电器室、消防水泵房、雨淋阀室、泡沫消防间、选择阀室、油浸变压器室地面装修材料燃烧性能应为 A 级，其他设备间地面装修材料燃烧性能不应低于 B1 级。

（6）位于建筑物内的排烟机房、配电室等开向走道的门应采用甲级防火门，蓄电池室、厨房开向走道的疏散门应采用乙级防火门。

1.3.6　浸设备区域防火构造

（1）主变压器防火墙上构架柱应刷涂防火涂料，耐火极限不应小于 2h，防火涂料宜采用膨胀型，其耐候性应满足《钢结构防火涂料》（GB 14907—2018）的要求。

（2）主变压器、高压并联电抗器及换流变压器应设置贮油设施，并能将事故油排至总事故油池。贮油设施应大于设备外廓每边各 1m，其容积应能容纳设备油量的 20%。

（3）贮油设施及排油管道设计应相应考虑油水混合物排放能力，排油管道的管径和坡度设计宜按 20min 将事故油排尽确定。当油浸式电气设备等含油设备设有固定灭火设施时，应包含灭火系统流量。

（4）贮油设施宜设置双层钢格栅，卵石放置于两层格栅之间，卵石层厚度不应小于 250mm，卵石直径宜为 50 ~ 80mm。

（5）总事故油池的容量应按其接入的油量最大的一台设备确定，并设置油水分离装置。

（6）主变压器、高压并联电抗器和换流变压器等区域电缆沟应采封闭构造或措施。

（7）当换流变压器、高压并联电抗器等油浸设备采用高温熔断功能隔声罩时，其布置及承载能力应满足上人运检和灭火救援的需求，换流变压器网侧套管升高座及分接开关区域隔声罩应具备泄爆功能。

（8）主变压器、换流变压器宜设置应急排油系统，变压器本体应急排油系统宜采用重力排油方式，应保证在 90min 内将变压器本体油箱容量不少于95% 的储油排出。

1.3.7　防火封堵构造

（1）换流变压器阀侧套管穿过阀厅防火墙的开口部位应采用防火封堵系统实施封堵，且封堵范围内不应有管线穿越。防火封堵系统换流变压器侧耐火极限应按照碳氢升温曲线测定且不应低于 3h，防火封堵系统阀厅侧耐火极限应按照标准火升温曲线测定且不应低于 3h。

（2）换流变压器阀侧穿墙套管洞口防火封堵系统应满足围护结构的整体电磁屏蔽、气密性、防火、防水、隔热、隔声、防涡流、结构强度和稳定性等性能要求。

（3）阀侧套管换流变压器侧应设置阀侧套管抗爆门。阀侧套管抗爆门宜独立设置，由抗爆门框架、抗爆门板等主体组成，可采用固定可拆卸式或可移动式结构。

（4）抗爆门系统应采取避免钢结构框架形成闭合磁回路的措施。

（5）阀厅与控制楼相邻墙体上的管线开孔应采用耐火极限不小于 3h 的防火封堵材料封堵密实。

（6）电缆从室外进入室内的入口处、电缆竖井的出入口处，建（构）筑物中电缆引至电气柜、盘或控制屏、台的开孔部位，电缆贯穿隔墙、楼板的孔洞应采用电缆防火封堵材料进行封堵，其防火封堵组件的耐火极限不应低于被贯穿物的耐火极限，且不低于 1h。

（7）在电缆竖井中，宜每间隔不大于 7m 采用耐火极限不低于 3h 的不燃烧体或防火封堵材料封堵。

（8）电缆沟内以下部位应设置耐火极限不低于 2h 的防火隔墙：

1）主电缆沟道内每间隔 60m 处。

2）敷设两个及以上间隔电缆的主电缆沟道与敷设单个间隔或设备分支电缆沟道的交界处。

第2章 换流站常见消防系统

2.1 火灾自动报警系统

2.1.1 换流站应设置火灾自动报警系统场所和设备

（1）控制楼、阀厅、主控通信楼、综合楼、继电器室、蓄电池室、户内配电装置室、雨淋阀室、综合水泵房、变压器组装 / 检修厂房、专用品库、检修备品库、车库、警传室等。

（2）换流变压器、单台容量为 125MVA 及以上的油浸变压器、单台容量为 200Mvar 及以上的油浸电抗器，设置固定灭火系统的电气设备。

（3）电缆夹层、电缆竖井、户内电缆沟、户内电缆桥架、换流变压器广场封闭式电缆沟。

2.1.2 火灾自动报警系统的主要组成

火灾自动报警系统应由火灾探测报警系统和消防联动控制系统构成。可燃气体探测系统和吸气式感烟火灾探测系统作为火灾探测报警系统的子系统，可单独设置。

2.1.3 集中报警系统设计要求

火灾自动报警系统应采用集中报警系统设计，系统中的火灾报警控制器、消防联动控制器、图形显示装置、消防应急广播的控制装置、消防专用电话总机等起集中控制作用的消防设备应集中设置在消防控制室；火灾自动报警系统应采用集中报警系统设计，系统中的火灾报警控制器、消防联动控制器、图形显示装置、消防应急广播的控制装置、消防专用电话总机等起集中控制作用的消防设备应集中设置在消防控制室。

2.1.4 换流站火灾探测器设置要求

换流站主要建（构）筑物和设备宜按表 2-1 的规定设置火灾探测器。

表 2-1　　　　换流站主要建（构）筑物和设备的火灾探测器类型

序号	建（构）筑物和设备	火灾探测器类型
1	阀厅	
1.1	阀厅内阀塔①	吸气式感烟 + 紫外火焰 + 红外火焰
1.2	阀厅内进风口	吸气式感烟
2	控制楼 / 综合楼	
2.1	主控制室	点型感烟
2.2	二次和通信设备间	点型感烟 + 吸气式感烟 或点型感烟
2.3	蓄电池室	防爆型点型感烟 + 可燃气体探测器
2.4	380V 配电室	点型感烟
2.5	培训室、资料室、会议室、办公室、值班休息室等	点型感烟
2.6	餐厅、厨房	点型感温
2.7	门厅、过厅、走道、楼梯间	点型感烟
3	设备间	
3.1	继电器室	点型感烟
3.2	35kV 及 10kV 配电室	点型感烟
3.3	户内直流开关场、GIS 配电装置室①	红外光束感烟 或吸气式感烟 或图像型感烟
3.4	雨淋阀间、泡沫消防间、选择阀室等	点型感烟
4	主设备	
4.1	换流变压器、主变压器、高压并联电抗器②	每台 2 套缆式线型感温 或 2 套缆式线型感温 + 火焰探测器
4.2	配置固定灭火设备的降压（联络）变压器	2 套缆式线型感温
4.3	户内直流开关场中设置固定灭火系统的油浸式直流滤波器、电容器等	紫外火焰 或红外火焰
5	电缆通道	

序号	建（构）筑物和设备	火灾探测器类型
5.1	电缆夹层	缆式线型感温
5.2	电缆竖井	缆式线型感温
5.3	户内电缆沟	缆式线型感温
5.4	户内电缆桥架	缆式线型感温
5.5	换流变压器广场封闭式电缆沟	缆式线型感温
6	其他辅助建筑物	
6.1	综合水泵房	点型感烟
6.2	变压器组装 / 检修厂房、检修备品库、专用品库等①	红外光束感烟 或点型感烟
6.3	车库	点型感温
6.4	警传室	点型感烟

① 高度大于 12m 的空间场所宜同时选择两种及以上火灾参数的火灾探测器。

② 当配置火焰探测器时，主设备有隔声罩时配置 3 套火焰探测器，1 套在隔声罩外，2 套在隔声罩内；主设备无隔声罩时，配置 2 套火焰探测器。火焰探测器的安装高度及角度应根据现场实际情况确定，通过调整探测器可视角度、装设限光罩等措施，保证火焰探测器正确动作，不发生越限报警的误报。

2.1.5 火灾报警系统主要附件设置要求

声光、手报、模块箱、消防电话、消火栓按钮的设置，供电，布线的设计等应符合《火灾自动报警系统设计规范》（GB 50116—2013）的有关规定。

2.1.6 换流站消防控制室设置不符合要求

（1）问题概述。

1）换流站未设置消防控制室。

2）消防控制室不具备远方控制功能。

3）消防控制室未采取防水淹的技术措施。

4）有人值班换流站消防控制室未设置在本站主控制室。

5）消防控制室人员未持证上岗。

（2）规范要求。

1）《火灾自动报警系统设计规范》（GB 50116—2013）有关规定：

a. 火灾自动报警系统形式的选择，应符合下列规定：不仅需要报警，同时需要联动自动消防设备，且只设置一台具有集中控制功能的火灾报警控制器和消防联动控制器的保护对象，应采用集中报警系统，并应设置一个消防控制室。

b. 具有消防联动功能的火灾自动报警系统的保护对象中应设置消防控制室。

c. 集中报警系统和控制中心报警系统中的区域火灾报警控制器在满足下列条件时，可设置在无人值班的场所：

（a）本区域内无需要手动控制的消防联动设备。

（b）本火灾报警控制器的所有信息在集中火灾报警控制器上均有显示，且能接收起集中控制功能的火灾报警控制器的联动控制信号，并自动启动相应的消防设备。

（c）设置的场所只有值班人员可以进入。

d. 设置火灾自动报警系统和需要联动控制消防设备的建筑（群）应设置消防控制室。消防控制室的设置应符合下列规定：

（a）不应设置在电磁场干扰较强及其他可能影响消防控制设备正常工作的房间附近。

（b）疏散门应直通室外或安全出口。

e. 消防水泵房和消防控制室应采取防水淹的技术措施。

2）《火力发电厂与变电站设计防火标准》（GB 50229—2019）有关规定：

消防控制室应与单元控制室或主控制室合并设置。

3）《消防安全责任制实施办法》（国办发〔2017〕87号）有关规定：

设有消防控制室的，实行24h值班制度，每班不少于2人，并持证上岗。

（3）图示说明。换流站消防控制室设置示意图见图2-1。

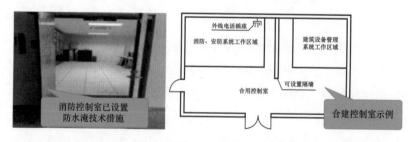

图2-1　换流站消防控制室设置示意图（一）

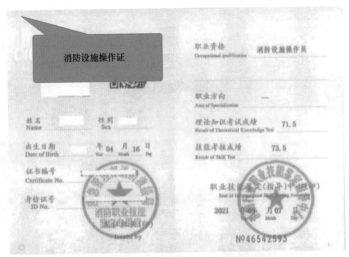

图 2-1　换流站消防控制室设置示意图（二）

2.1.7　消防控制室内消防设备布置及安装不符合规范要求

（1）问题概述。消防控制室内消防相应设备、操作盘布置及安装不符合规范要求。

（2）规范要求。

1）《火灾自动报警系统设计规范》（GB 50116—2013）有关规定：

a. 消防控制室内设备的布置应符合下列规定：

（a）设备面盘前的操作距离，单列布置时不应小于 1.5m；双列布置时不应小于 2m。

（b）在值班人员经常工作的一面，设备面盘至墙的距离不应小于 3m。

（c）设备面盘后的维修距离不宜小于 1m。

（d）设备面盘的排列长度大于 4m 时，其两端应设置宽度不小于 1m 的通道。

（e）与建筑其他弱电系统合用的消防控制室内，消防设备应集中设置，并应与其他设备间有明显间隔。

b. 火灾报警控制器和消防联动控制器安装在墙上时，其主显示屏高度宜为 1.5～1.8m，其靠近门轴的侧面距墙不应小于 0.5m，正面操作距离不应小于 1.2m。

2）《火灾自动报警系统施工及验收标准》（GB 50166—2019）有关规定：

火灾报警控制器、消防联动控制器、火灾显示盘、控制中心监控设备、家用火灾报警控制器、消防电话总机、可燃气体报警控制器、电气火灾监控设备、防火门监控器、消防设备电 169 源监控器、消防控制室图形显示装置、传输设备、消防应急广播控制装置等控制与显示类设备的安装应符合下列规定：①应安装牢固，不应倾斜；②安装在轻质墙上时，应采取加固措施；③落地安装时，其底边宜高出地（楼）面 100 ～ 200mm。

（3）图示说明。消防控制室设备布置示意图见图 2-2。

消防控制室内消防设备布置及安装不符合要求
（a）

消防控制室内消防设备布置及安装符合规范要求
（b）

图 2-2　消防控制室设备布置示意图
（a）错误做法；（b）正确做法

2.1.8　火灾探测器安装不符合规范要求

（1）问题概述。

1）感烟探测器离空调出风口距离不足 1.5m。

2）点型感烟火灾探测器安装于高度大于 200mm 的梁下，未吸顶安装于楼板底部。

（2）规范要求。《火灾自动报警系统施工及验收标准》（GB 50166—2019）有关点型感烟火灾探测器、点型感温火灾探测器、一氧化碳火灾探测器、点型家用火灾探测器、独立式火灾探测报警器的安装，应符合下列规定：

1）探测器至空调送风口最近边的水平距离不应小于 1.5m，至多孔送风顶棚孔口的水平距离不应小于 0.5m。

2）在有梁的顶棚上设置点型感烟火灾探测器、感温火灾探测器时，应符合下列规定：

（a）当梁突出顶棚的高度小于 200mm 时，可不计梁对探测器保护面积的影响。

（b）当梁突出顶棚的高度为 200 ～ 600mm 时，应按本文件附录 F 确定梁对探测器保护面积的影响和一只探测器能够保护的梁间区域的数量。

（c）当梁突出顶棚的高度超过 600mm 时，被梁隔断的每个梁间区域应至少设置一只探测器。

（d）当被梁隔断的区域面积超过一只探测器的保护面积时，被隔断的区域应按本文件 6.2.2 中第 4 款规定计算探测器的设置数量。

（e）当梁间净距小于 1m 时，可不计梁对探测器保护面积的影响。

2.1.9　消防专用电话或分机不符合规范要求

（1）问题概述。现场采用生产通信电话与各部位进行联络，未设置消防专用电话，主控制室未设置专用消防电话总机，重点部位也未设置专用消防电话分机。

（2）规范要求。《火灾自动报警系统设计规范》（GB50116—2013）有关规定：

1）消防控制室应设置消防专用电话总机。

2）电话分机或电话插孔的设置，应符合下列规定：消防水泵房、发电机房、配电变压器室、计算机网络机房、主要通风和空调机房、防排烟机房、灭火控制系统操作装置处或控制室、企业消防站、消防值班室、总调度室、消防电梯机房及其他与消防联动控制有关的且经常有人值班的机房应设置消防专用电话分机。消防专用电话分机，应固定安装在明显且便于使用的部位，并应有区别于普通电话的标识。

（3）图示说明。消防专用电话或分机布置示意图见图 2-3。

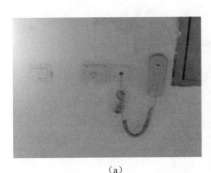
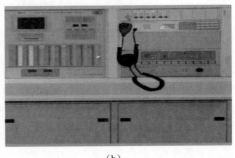

（a）　　　　　　　　　　　　　　　（b）

图 2-3　消防专用电话或分机布置示意图

（a）错误做法；（b）正确做法

2.1.10 短路隔离器未设置或设置不符合规范要求

（1）问题概述。系统总线上未设置短路隔离器；短路隔离器保护的设备的总数超过32点；树形结构系统的总线短路隔离器未并联接于报警总线和电源线上。

（2）规范要求。《火灾自动报警系统设计规范》（GB 50116—2013）有关规定：

系统总线上应设置总线短路隔离器，每只总线短路隔离器保护的火灾探测器、手动火灾报警按钮和模块等消防设备的总数不应超过32点；总线穿越防火分区时，应在穿越处设置总线短路隔离器。

（3）图示说明。短路隔离器设置示意图见图2-4。

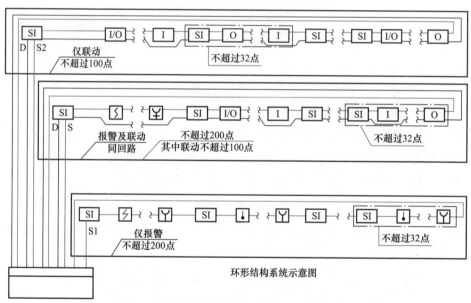

图 2-4　短路隔离器设置示意图（正确做法）

2.1.11 防火门监控系统门磁故障或无信号反馈

（1）问题概述。防火门监控系统门磁开关安装间距过大；按规范规定的具有信号反馈功能的防火门无开启、关闭及故障状态信号反馈和控制功能。

（2）规范要求。

1）《建筑设计防火规范（2018年版）》（GB 50016—2014）有关防火门的设置应符合下列规定：

设置在建筑内经常有人通行处的防火门宜采用常开防火门。常开防火门应能在火灾时自行关闭，并应具有信号反馈的功能。

2)《火灾自动报警系统设计规范》(GB 50116—2013)有关防火门系统的联动控制设计应符合下列规定:

a. 应由常开防火门所在防火分区内的两只独立的火灾探测器或一只火灾探测器与一只手动火灾报警按钮的报警信号,作为常开防火门关闭的联动触发信号,联动触发信号应由火灾报警控制器或消防联动控制器发出,并应由消防联动控制器或防火门监控器联动控制防火门关闭。

b. 疏散通道上各防火门的开启、关闭及故障状态信号应反馈至防火门监控器。

(3)图示说明。防火门监控系统门磁设置示意图见图 2-5。

(a)

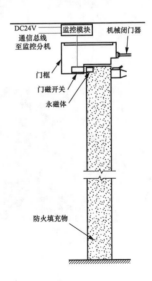

(b)

图 2-5　防火门监控系统门磁设置示意图
(a)错误做法;(b)正确做法

2.1.12　火灾探测器在格栅吊顶场所的设置不规范

（1）问题概述。格栅吊顶处探测器没有根据格栅镂空面积与总面积的比例情况进行设置。

（2）规范要求。《火灾自动报警系统设计规范》（GB50116—2013）有关感烟火灾探测器在格栅吊顶场所的设置应符合下列规定：

1）镂空面积与总面积的比例不大于15%时，探测器应设置在吊顶下方。

2）镂空面积与总面积的比例大于30%时，探测器应设置在吊顶上方。

3）镂空面积与总面积的比例为15%～30%时，探测器的设置部位应根据实际试验结果确定。

4）探测器设置在吊顶上方且火警确认灯无法观察时，应在吊顶下方设置火警确认灯。

（3）图示说明。火灾探测器在格栅吊顶场所设置示意图见图2-6。

（a）

（b）

图 2-6　火灾探测器在格栅吊顶场所设置示意图
（a）错误做法；（b）正确做法

2.1.13　消防水泵房、发电机房、消防值班室等未设置消防专用电话分机

（1）问题概述。消防水泵房、发电机房、消防值班室、灭火控制系统操作装置处等未设置消防专用电话分机。

（2）规范要求。《火灾自动报警系统设计规范》（GB 50116—2013）有关电话分机或电话插孔的设置应符合下列规定：

消防水泵房、发电机房、配电变压器室、计算机网络机房、主要通风和空调机房、防排烟机房、灭火控制系统操作装置处或控制室、企业消防站、消防值班室、总调度室、消防电梯机房及其他与消防联动控制有关的且经常有人值班的机房应设置消防专用电话分机。消防专用电话分机，应固定安装在明显且便于使用的部位，并应有区别于普通电话的标识。

（3）图示说明。消防水泵房、发电机房、消防值班室消防专用电话分机设置示意图见图 2-7。

（a）

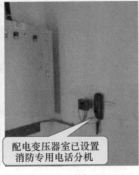

（b）

图 2-7　消防水泵房、发电机房、消防值班室消防专用电话分机设置示意图

（a）错误做法；（b）正确做法

2.1.14 消防控制室未设置图形显示装置，或设置但不能接收相关信号等

（1）问题概述。消防控制室未设置图形显示装置或图形显示装置不能接收火警信号、联动信号和故障信号。

（2）规范要求。《火灾自动报警系统施工及验收标准》（GB 50166—2019）有关消防控制室图形显示装置的消防设备运行状态显示功能应符合下列规定：

1）消防控制室图形显示装置应接收并显示火灾报警控制器发送的火灾报警信息、故障信息、隔离信息、屏蔽信息和监管信息。

2）消防控制室图形显示装置应接收并显示消防联动控制器发送的联动控制信息、受控设备的动作反馈信息。

3）消防控制室图形显示装置显示的信息应与控制器的显示信息一致。

（3）图示说明。消防控制室图形显示装置设置示意图见图2-8。

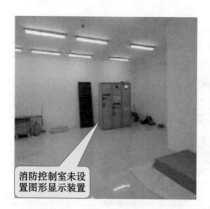

（a）

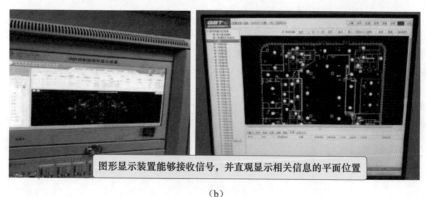

（b）

图 2-8 消防控制室图形显示装置设置示意图
（a）错误做法；（b）正确做法

2.1.15　消防用电设备的金属外壳未设接地保护或设置不符合要求

（1）问题概述。交流供电和 36V 以上直流供电的消防用电设备的金属外壳未设接地保护或设置不符合规范要求。

（2）规范要求。《火灾自动报警系统施工及验收标准》（GB 50166—2019）有关规定：

交流供电和 36V 以上直流供电的消防用电设备的金属外壳应有接地保护，其接地线应与电气保护接地干线（PE）相连接。

（3）图示说明。消防用电设备的金属外壳设接地保护示意图见图 2-9。

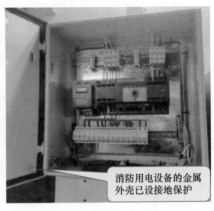

交流供电的消防用电设备的金属外壳未设接地保护

消防用电设备的金属外壳已设接地保护

（a）　　　　　　　　　　　　　（b）

图 2-9　消防用电设备的金属外壳设接地保护示意图
（a）错误做法；（b）正确做法

2.1.16　控制器的主电源采用插头连接

（1）问题概述。控制器的主电源采用插头连接，不利于消防设备的安全运行，用户有可能经常拔掉插头作为他用，造成控制器主电源断电。

（2）规范要求。《火灾自动报警系统施工及验收标准》（GB 50166—2019）有关规定：

控制与显示类设备应与消防电源、备用电源直接连接，不应使用电源插头。

（3）图示说明。控制器的主电源连接示意图见图 2-10。

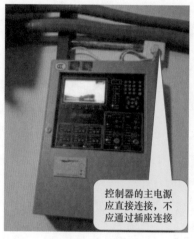

控制器的主电源
应直接连接，不
应通过插座连接

控制器的主电源
应直接连接，不
应通过插座连接

图 2-10 控制器的主电源连接示意图（错误做法）

2.1.17 声光报警器与消防广播不能交替循环播放

（1）问题概述。声光报警器与消防广播不能交替循环播放。火灾时，先鸣警报装置，高分贝的啸叫会刺激人的神经使人立刻警觉，然后再播放广播通知疏散，如此循环进行效果更好。

（2）规范要求。《火灾自动报警系统设计规范》（GB 50116—2013）有关规定：

火灾声警报器单次发出火灾警报时间宜为 8 ~ 20s，同时设有消防应急广播时，火灾声警报应与消防应急广播交替循环播放。

2.1.18 消防模块或模块箱无标识

（1）问题概述。消防模块或模块箱未按规定设置标识，不便于后期消防人员维修查找。

（2）规范要求。《火灾自动报警系统设计规范》（GB 50116—2013）有关规定：

1）每个报警区域内的模块宜相对集中设置在本报警区域内的金属模块箱中。

2）未集中设置的模块附近应有尺寸不小于 100mm×100mm 的标识。

（3）图示说明。消防模块标识设置示意图见图 2-11。

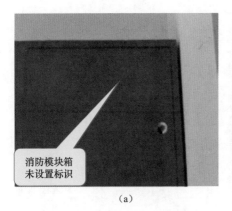 

（a）　　　　　　　　　　　　（b）

图 2-11　消防模块标识设置示意图（错误做法）

（a）错误做法；（b）正确做法

2.1.19　火灾自动报警系统设备主电源供电回路设置了剩余电流动作保护或过负荷保护装置

（1）问题概述。火灾自动报警系统设备主电源供电回路设置了剩余电流动作保护或过负荷保护装置。剩余电流动作保护和过负荷保护装置一旦报警会自动切断设备主电源，导致火灾自动报警系统无法正常运行。

（2）规范要求。《火灾自动报警系统设计规范》（GB 50116—2013）有关规定：

火灾自动报警系统主电源不应设置剩余电流动作保护和过负荷保护装置。

（3）应对措施。施工单位应根据施工图和规范要求，在配电回路中安装单磁式断路器等无自动切断功能的断路器。

（4）图示说明。剩余电流动作保设置示意图见图 2-12。

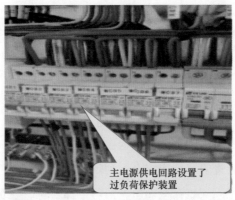

图 2-12　剩余电流动作保设置示意图（错误做法）

2.1.20　火灾报警控制器线缆未标明编号等

（1）问题概述。引入火灾报警控制器的引入线缆未绑扎成束，未标明编号，不便于消防人员进行故障检查和维修。

（2）规范要求。《火灾自动报警系统施工及验收标准》（GB 50166—2019）有关控制与显示类设备的引入线缆应符合下列规定：

1）配线应整齐，不宜交叉，并应固定牢靠。

2）线缆芯线的端部均应标明编号，并应与设计文件一致，字迹应清晰且不易褪色。

3）线缆应绑扎成束。

（3）图示说明。火灾报警控制器线缆编号标明示意图见图 2-13。

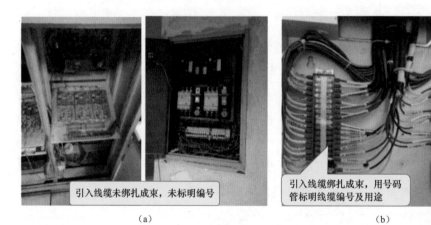

（a）　　　　　　　　　　　　　　　（b）

图 2-13　火灾报警控制器线缆编号标明示意图
（a）错误做法；（b）正确做法

2.1.21　火灾光警报装置设置不符合规范要求

（1）问题概述。火灾光警报装置与消防应急疏散指示标志灯具安装在同一面墙上，且距离小于 1m。

（2）规范要求。《火灾自动报警系统施工及验收标准》（GB 50166—2019）有关消防应急广播扬声器、火灾警报器、喷洒光警报器、气体灭火系统手动与自动控制状态显示装置的安装应符合下列规定：

火灾光警报装置应安装在楼梯口、消防电梯前室、建筑内部拐角等处的明显部位，且不宜与消防应急疏散指示标志灯具安装在同一面墙上，确需安装在同一面墙上时，距离不应小于 1m。

（3）图示说明。火灾光警报装置设置示意图及消火栓系统见图 2-14。

声光报警装置与消防应急疏散指示标志灯具安装在同一面墙上，且距离小于 1m

声光报警装置与消防应急疏散指示标志灯具安装在不同侧墙面上

（a）　　　　　　　　　　　　　（b）

图 2-14　火灾光警报装置设置示意图及消火栓系统

（a）错误做法；（b）正确做法

2.2　消防给水及消火栓系统

2.2.1　消防水泵房设置不符合要求

（1）问题概述。

1）换流站内单独新建的消防水泵房，采用简易结构搭建或选用箱泵一体化设备，其耐火等级不符合要求。

2）消防水泵房未采取防水淹的技术措施。

（2）规范要求。《建筑设计防火规范（2018 年版）》（GB 50016—2014）有关规定：

1）消防水泵房的设置应符合下列规定：

a. 单独建造的消防水泵房，其耐火等级不应低于二级。

b. 附设在建筑内的消防水泵房，不应设置在地下三层及以下或室内地面与室外出入口地坪高差大于 10m 的地下楼层。

c. 疏散门应直通室外或安全出口。

2）消防水泵房应采取防水淹的技术措施。

（3）图示说明。消防水泵房设置示意图见图 2-15。

改造项目在室外新建的消防泵房，采用不符合规范要求的彩钢板搭建

采用箱泵一体化设备，消防泵房维护结构的耐火等级无认证材料

消防水泵房未设置防水淹技术措施

（a）

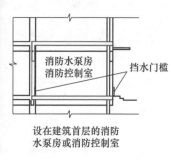

水泵房已设置防水淹技术措施

消防控制室已设置防水淹技术措施

消防水泵房
消防控制室

挡水门槛

设在建筑首层的消防水泵房或消防控制室

（b）

图 2-15　消防水泵房设置示意图

（a）错误做法；（b）正确做法

2.2.2　消防取水口（井）设置不合理或未设置盖板和标志牌

（1）问题概述。消防取水口（井）设置不合理，消防队员难以接近消防取水口（井）；消防取水口（井）未设置盖板和标志牌，平时会被杂物堵塞，当发生火情时消防人员不易找到消防取水口（井），将会贻误灭火救援时间。

（2）规范要求。

1）《消防给水及消火栓系统技术规范》（GB 50974—2014）有关储存室外消防用水的消防水池或供消防车取水的消防水池应符合下列规定：

a. 消防水池应设置取水口（井），且吸水高度不应大于 6.0m。

b. 取水口（井）与建筑物（水泵房除外）的距离不宜小于 15m。

2）《建筑设计防火规范（2018 年版）》（GB 50016—2014）有关规定：

a. 供消防车取水的天然水源和消防水池应设置消防车道。

b. 消防车道的边缘距离取水点不宜大于 2m。

（3）图示说明。消防取水口（井）设置示意图见图 2-16。

（a）   （b）

图 2-16 消防取水口（井）设置示意图

（a）错误做法；（b）正确做法

2.2.3 消防水池（箱）液位显示装置设置不符合规范要求

（1）问题概述。

1）消防水池（箱）未设置就地液位显示装置。

2）消防控制中心或值班室未设置液位显示装置。

3）液位显示装置水位显示不正常。

（2）规范要求。《消防给水及消火栓系统技术规范》（GB 50974—2014）有关规定：

1）消防水池的出水、排水和水位应符合下列规定：消防水池应设置就地水位显示装置，并应在消防控制中心或值班室等地点设置显示消防水池水位的装置，同时应有最高和最低报警水位。

2）高位消防水箱应符合下列规定：高位消防水箱的有效容积、出水、排水和水位等，应符合本文件 4.3.8 和 4.3.9 的规定。

（3）图示说明。消防水池（箱）液位显示装置设示意图见图 2-17。

（a）

（b）

图 2-17　消防水池（箱）液位显示装置设示意图

（a）错误做法；（b）正确做法

2.2.4　消防水泵性能参数不符合要求

（1）问题概述。消防水泵流量、压力参数不满足设计和消防技术标准要求，直接影响消防给水系统的可靠性。

（2）规范要求。《消防给水及消火栓系统技术规范》（GB 50974—2014）有关消防水泵的选择和应用应符合下列规定：

1）消防水泵的性能应满足消防给水系统所需流量和压力的要求。

2）消防水泵所配驱动器的功率应满足所选水泵流量扬程性能曲线上任何一点运行所需功率的要求。

3）流量扬程性能曲线应为无驼峰、无拐点的光滑曲线，零流量时的压力不应大于设计工作压力的 140%，且宜大于设计工作压力的 120%。

4）当出流量为设计流量的 150% 时，其出口压力不应低于设计工作压力的 65%。

（3）应对措施。

1）设备选型、采购时选用流量扬程性能曲线平缓无驼峰的消防水泵，且额定流量、扬程和功率等参数符合设计要求。

2）要求生产厂家提供符合消防技术标准要求的消防水泵流量、压力测试报告，或由具备测试资格能力的单位在现场完成消防水泵性能参数测试，并形成测试记录报告。

2.2.5　消防水泵流量、压力测试装置（压力表）设置不符合要求

（1）问题概述。

1）施工单位在产品选型前，未按标准要求对量程进行复核计算，导致流量计最大量程不符合要求。

2）施工单位在产品选型前，未按标准要求对量程进行复核计算，导致压力表最大量程不符合要求。

3）流量计和压力表精度等级不符合要求。

4）压力测试装置安装在消防水泵出水口止回阀下游，不符合要求。

（2）规范要求。《消防给水及消火栓系统技术规范》（GB 50974—2014）规定一组消防水泵应在消防水泵房内设置流量和压力测试装置，并应符合下列规定：

1）单台消防给水泵的流量不大于 20L/s、设计工作压力不大于 0.50MPa 时，泵组应预留测量用流量计和压力计接口，其他泵组宜设置泵组流量和压力测试装置。

2）消防水泵流量检测装置的计量精度应为 0.4 级，最大量程的 75% 应大于最大一台消防水泵设计流量值的 175%。

3）消防水泵压力检测装置的计量精度应为 0.5 级，最大量程的 75% 应大于最大一台消防水泵设计压力值的 165%。

4）每台消防水泵出水管上应设置 DN65 的试水管，并应采取排水措施。

（3）图示说明。流量、压力测试装置（压力表）设置设示意图见图 2-18。

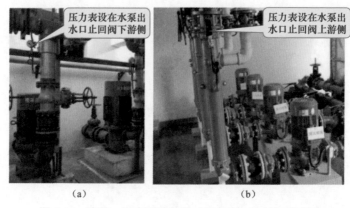

图 2-18 流量、压力测试装置（压力表）设置设示意图
（a）错误做法；（b）正确做法

2.2.6 消防水泵吸水管安装不符合规范要求

（1）问题概述。消防水泵吸水管采用同心异径管连接，或吸水口偏心异径管做成管底平接，将产生气囊和漏气现象，导致灭火用水量减少。

（2）规范要求。《消防给水及消火栓系统技术规范》（GB50974—2014）有关规定：

1）离心式消防水泵吸水管、出水管和阀门等，应符合下列规定：消防水泵吸水管布置应避免形成气囊。

2）消防水泵的安装应符合下列要求：吸水管水平管段上不应有气囊和漏气现象。变径连接时，应采用偏心异径管件并应采用管顶平接。

（3）应对措施：为了避免吸水管水平管段上有气囊和漏气现象，除采用偏心异径管与管顶平接外，还可采用水泵吸水管与吸水干管之间向上或坡向上连接。

（4）图示说明。消防水泵吸水管安装示意图见图 2-19。

（a）

图 2-19 消防水泵吸水管安装示意图（一）
（a）错误做法

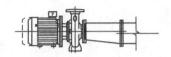

吸水管避免形成气囊——偏心异径管

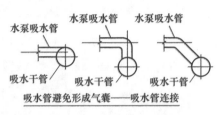

吸水管避免形成气囊——吸水管连接

（b）

图 2-19　消防水泵吸水管安装示意图（二）
（b）正确做法

2.2.7　消防水池防水套管选型不符合要求

（1）问题概述。

1）设计文件未明确消防水池防水套管的技术要求，或施工单位不按设计要求随意选型，在消防水泵吸水管穿越消防水池部位选用刚性防水套管。

2）刚性防水套管虽然可以解决套管与水池墙壁之间的漏水，但不能解决套管与吸水管之间的密封问题。消防泵组运行过程中产生的振动，会长期影响防水套管与吸水管之间刚性封堵材料的密封性能，造成渗水或漏水现象。

（2）规范要求。《消防给水及消火栓系统技术规范》（GB 50974—2014）有关离心式消防水泵吸水管、出水管和阀门等应符合下列规定：

消防水泵的吸水管穿越消防水池时，应采用柔性套管；采用刚性防水套管时应在水泵吸水管上设置柔性接头，且管径不应大于 DN150。

（3）应对措施。消防水池吸水管路穿池壁处有较高的防水要求，套管预埋施工单位应选用柔性防水套管。施工单位在施工过程中，消防吸水管穿越柔性防水套管处的密封做法，应严格按照施工图集《02S404 防水套管》的相关要求执行。

（4）图示说明。消防水池防水套管选型示意图见图 2-20。

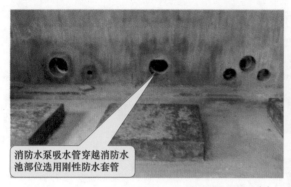
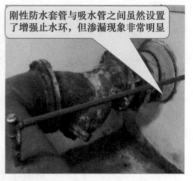

刚性防水套管与吸水管之间虽然设置了增强止水环，但渗漏现象非常明显

消防水泵吸水管穿越消防水池部位选用刚性防水套管

（a）

消防水泵吸水管穿越消防水池部位选用柔性防水套管

（b）

图 2-20　消防水池防水套管选型示意图

（a）错误做法；（b）正确做法

2.2.8　消防水泵吸水管、出水管控制阀安装不符合要求

（1）问题概述。消防水泵吸水管、出水管上安装不具备锁定功能的蝶阀或无开启刻度和标志的暗杆闸阀，容易在被误关闭后不能及时发现或观察阀门的开、关状态，导致消防系统供水中断。

（2）规范要求。《消防给水及消火栓系统技术规范》（GB 50974—2014）有关离心式消防水泵吸水管、出水管和阀门等应符合下列规定：

1）消防水泵的吸水管上应设置明杆闸阀或带自锁装置的蝶阀，但当设置暗杆阀门时应设有开启刻度和标志；当管径超过 DN300 时，宜设置电动阀门。

2）消防水泵的出水管上应设止回阀、明杆闸阀；当采用蝶阀时，应带有自锁装置；当管径大于 DN300 时，宜设置电动阀门。

（3）图示说明。消防水泵吸水管、出水管控制阀安装见图 2-21。

（a）

（b）

图 2-21　消防水泵吸水管、出水管控制阀安装
（a）错误做法；（b）正确做法

2.2.9　消防水泵吸水管、出水管压力表设置不符合要求

（1）问题概述。

1）设计或施工疏漏，消防水泵吸水管未安装压力表。

2）设计文件未明确压力表量程，或供货单位凭经验随意选型，造成选用的压力表最大量程不符合规范要求。

（2）规范要求。《消防给水及消火栓系统技术规范》（GB 50974—2014）有关规定：

1）消防水泵吸水管和出水管上应设置压力表，并应符合下列规定：

a．消防水泵出水管压力表的最大量程不应低于其设计工作压力的 2 倍，且不应低于 1.60MPa。

b．消防水泵吸水管宜设置真空表、压力表或真空压力表，压力表的最大量程应根据工程具体情况确定，但不应低于 0.70MPa，真空表的最大量程宜为 -0.10MPa。

c．压力表的直径不应小于 100mm，应采用直径不小于 6mm 的管道与消防水泵进出口管相接，并应设置关断阀门。

2）消防水泵的安装应符合下列要求：消防水泵出水管上应安装消声止回阀、控制阀和压力表；系统的总出水管上还应安装压力表和压力开关；安装压力表时应加设缓冲装置。压力表和缓冲装置之间应安装旋塞；压力表量程在没有设计要求时，应为系统工作压力的 2 ~ 2.5 倍。

（3）应对措施。消防泵房管路安装前，施工单位要仔细核对设计施工图，发现问题及时反馈。压力表选型时，要依据系统设计工作压力，复核压力表的最大量程。

（4）图示说明。消防水泵吸水管、出水管压力表设置示意图见图 2-22。

（a）

（b）

图 2-22　消防水泵吸水管、出水管压力表设置示意图

（a）错误做法；（b）正确做法

2.2.10　消防水泵出水管持压泄压阀安装不符合要求

（1）**问题概述**。消防水泵出水管上需设置持压泄压阀时，由于设计未明确要求或施工单位未按图施工，会导致以下问题的产生：

1）持压泄压阀设定动作压力偏高，超压时不能有效保护系统管网。

2）持压泄压阀设定动作压力偏低，会造成泵房供水压力低于系统最不利点供水压力要求，造成消防给水安全隐患。

3）持压泄压阀入口前未设置控制阀，造成特压泄压阀检修过程中，需关闭一部分系统供水管网。

4）持压泄压阀入口前未设置管道过滤器，管道内杂质容易造成持压泄压阀动作不灵敏，影响泄压。

（2）**规范要求**。《建筑给水排水设计标准》（GB 50015—2019）有关规定：

1）当给水管网存在短时超压工况，且短时超压会引起使用不安全时，应设置持压泄压阀。持压泄压阀的设置应符合下列规定：

a．持压泄压阀前应设置阀门。

b．持压泄压阀的泄水口应连接管道间接排水，其出流口应保证空气间隙不小于 300mm。

2）给水管道的管道过滤器设置应符合下列规定：减压阀、持压泄压阀、倒流防止器、自动水位控制阀、温度调节阀等阀件前应设置过滤器。

（3）**应对措施**。消防泵房持压泄压阀安装前，应复核系统设计工作压力、系统最大工作压力、持压泄压阀动作压力和阀体设计压力等级。持压泄压阀安装应确保泄压水流方向与阀体上标明的方向一致。

（4）**图示说明**。消防水泵出水管持压泄压阀安装示意图见图 2-23。

图 2-23　消防水泵出水管持压泄压阀安装示意图（错误做法）

2.2.11 消防水泵控制柜设置不符合要求

（1）问题概述。

1）消防水泵控制柜正常运行时设置在手动工作状态，无法自动或远程紧急启泵。

2）消防控制室未设置采用硬拉线直接启动消防水泵的按钮。

3）消防水泵控制柜与消防水泵设置在同一空间时，控制柜防护等级不符合要求。

4）消防水泵控制柜未设置机械应急启泵功能。

5）消防水泵控制柜上方架设消防水管。

（2）规范要求。

1）《消防给水及消火栓系统技术规范》（GB 50974—2014）有关规定：

a. 消防水泵控制柜应设置在消防水泵房或专用消防水泵控制室内，并应符合下列要求：

（a）消防水泵控制柜在平时应使消防水泵处于自动启泵状态。

（b）当自动水灭火系统为开式系统，且设置自动启动确有困难时，经论证后消防水泵可设置在手动启动状态，并应确保24h有人工值班。

b. 消防控制室或值班室，应具有下列控制和显示功能：

（a）消防控制柜或控制盘应设置专用线路连接的手动直接启泵按钮。

（b）消防水泵控制柜设置在专用消防水泵控制室时，其防护等级不应低于IP30；与消防水泵设置在同一空间时，其防护等级不应低于IP55。

c. 消防水泵控制柜应设置机械应急启泵功能，并应保证在控制柜内的控制线路发生故障时由有管理权限的人员在紧急时启动消防水泵。机械应急启动时，应确保消防水泵在报警5.0min内正常工作。

2）《建筑电气工程施工质量验收规范》（GB 50303—2015）有关规定：

柜、台、箱、盘应安装牢固，且不应设置在水管的正下方。

（3）图示说明。消防水泵控制柜设置示意图见图2-24。

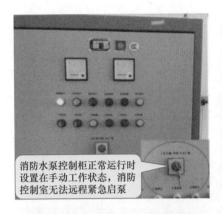
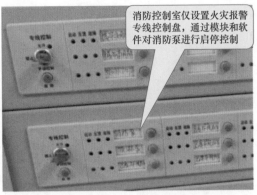

消防控制室仅设置火灾报警专线控制盘，通过模块和软件对消防泵进行启停控制

消防水泵控制柜正常运行时设置在手动工作状态，消防控制室无法远程紧急启泵

消防水泵控制柜与消防水泵设置在同一空间，控制柜防护等级不符合要求

消防水泵控制柜未设置机械应急启泵功能

控制柜上方架设消防水管

（a）

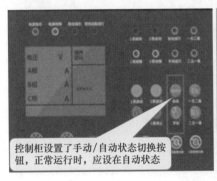

控制柜设置了手动/自动状态切换按钮，正常运行时，应设在自动状态

消防控制室安装了消防泵专线启停控制箱

设置了防护等级IP55的控制柜和机械应急启泵功能

（b）

图 2-24 消防水泵控制柜设置示意图

（a）错误做法；（b）正确做法

2.2.12 室内消火栓减压措施不符合要求

（1）问题概述。

1）消火栓未按设计要求安装减压孔板，或减压孔板孔径不符合设计要求，造成栓口动压减压不当；若减压值过大，会造成栓口动压和消防水枪充实水柱

低于设计要求；当减压值过小，会造成栓口动压过大（超过 0.5MPa），导致消防救援队员难以掌控水枪。

2）采用减压稳压型室内消火栓进行减压时，设计资料未明确具体选型要求，或施工单位未按产品技术标准要求选型，造成减压值过小，栓口动压过大（超过 0.5MPa），消防救援人员难以掌控水枪。

（2）规范要求。

1）《消防给水及消火栓系统技术规范》（GB 50974—2014）有关室内消火栓栓口压力和消防水枪充实水柱应符合下列规定：

a．消火栓栓口动压力不应大于 0.50MPa，当大于 0.70MPa 时必须设置减压装置。

b．高层建筑、厂房、库房和室内净空高度超过 8m 的民用建筑等场所，消火栓栓口动压不应小于 0.35MPa，且消防水枪充实水柱应按 13m 计算；其他场所，消火栓栓口动压不应小于 0.25MPa，且消防水枪充实水柱应按 10m 计算。

2）《室内消火栓》（GB 3445—2018）对减压稳压性能及流量有如下规定：

减压稳压型室内消火栓按本文件 6.13.2 的规定进行试验，其稳压性能及流量应符合本文件表 4 的规定，且在试验的升压及降压过程中不应出现压力振荡现象。

（3）应对措施。室内消火栓安装前应根据设计要求仔细核对每一处消火栓所采取的减压措施。当采用减压孔板进行减压时，应根据设计孔径定制减压孔板，并做好孔径标识，以免错装。当采用减压稳压消火栓进行减压时，设计单位应根据各消火栓入口压力计算值，确定减压稳压消火栓的类别，并明确标注在设计图中；施工单位安装前应核对每一处减压稳压消火栓的类别，以免错装。

（4）图示说明。室内消火栓减压措施示意图见图 2-25。

2.2.13　室内消火栓箱安装不符合要求

（1）问题概述。

1）消火栓栓口安装在门轴侧；消火栓箱门开启角度小于 120°；消火栓的启闭阀门设置位置不便于操作使用。

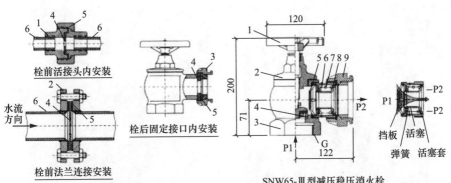

编号	名称	材料	规格	单位	数量	备注
1	活接头	可锻铸铁	DN65	个	1	—
2	法兰	钢	DN65	个	2	—
3	消火栓固定接口	铝	DN65	个	1	栓箱内已配置
4	减压孔板	不锈钢、黄铜	由设计确定	个	1	—
5	密封垫	橡胶	DN65	个	1或2	—
6	消火栓支管	镀锌钢管	DN65	m	设计定	—

主要部件名称及材质

序号	名称	材质	序号	名称	材质
1	手轮	灰铸铁	6	活塞	黄铜
2	阀盖	灰铸铁	7	弹簧	弹簧钢
3	阀体	灰铸铁	8	活塞套	黄铜
4	阀座	黄铜	9	固定接口	铝合金
5	挡板	不锈钢			

图 2-25　室内消火栓减压措施示意图（正确做法）

2）暗装的消火栓箱未采取防火保护措施，破坏了隔墙的耐火性能。

（2）规范要求。《消防给水及消火栓系统技术规范》（GB 50974—2014）有关规定：

1）室内消火栓及消防软管卷盘或轻便水龙的安装应符合下列规定：

消火栓栓口出水方向宜向下或与设置消火栓的墙面成90°角，栓口不应安装在门轴侧。

2）消火栓箱的安装应符合下列规定：

a．消火栓的启闭阀门设置位置应便于操作使用，阀门的中心距箱侧面应为140mm，距箱后内表面应为100mm，允许偏差 ±5mm。

b．室内消火栓箱的安装应平正、牢固，暗装的消火栓箱不应破坏隔墙的耐火性能。

c．消火栓箱门的开启不应小于120°。

（3）应对措施。暗装室内消火栓箱安装前，应根据墙体厚度、装饰层厚度和隔墙耐火性能等要求，选用适当厚度的消火栓箱体，并对细部做法进行深化设计，确保满足室内消火栓箱安装及防火性能方面的要求。暗装室内消火栓箱的防火保护措施，可参照《建筑设计防火规范（2018 年版）》（GB 50016—2014）和《15S202 室内消火栓安装》的相关要求。

（4）图示说明。室内消火栓箱安装示意图见图 2-26。

消火栓栓口安装在门轴侧；消火栓的启闭阀门设置位置不便于操作

消火栓箱经装修处理，箱门开启角度小于120°

消火栓箱背板完全露出墙面，破坏了隔墙的耐火性能

（a）

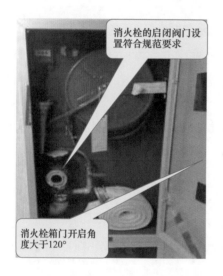

消火栓的启闭阀门设置符合规范要求

消火栓箱门开启角度大于120°

消火栓箱背板采取了防火保护措施

（b）

图 2-26　室内消火栓箱安装示意图
（a）错误做法；（b）正确做法

2.2.14　室内消火栓箱门设置不符合要求

（1）问题概述。室内消火栓箱门与其周围墙面颜色一致，无明显差别；室内消火栓箱无标识或标识不符合规定。

（2）规范要求。

1）《消防给水及消火栓系统技术规范》（GB 50974—2014）有关规定：

a. 消防给水系统的室内外消火栓、阀门等设置位置，应设置永久性固定标识。

b. 消火栓箱的安装应符合下列规定：

消火栓箱门上应用红色字体注明"消火栓"字样。

2）《15S202 室内消火栓安装》对消火栓箱门标志有如下规定：

a. 箱门标志"消火栓""FIRE HYDRANT"应采用发光材料，中文字体高度不应小于 100mm，宽度不应小于 80mm。

b. 箱体正面上应设置耐久性铭牌。

c. 栓箱的明显部位应用文字或图形标注耐久性操作说明。

（3）图示说明。室内消火栓箱门设置示意图见图 2-27。

（a）

图 2-27　室内消火栓箱门设置示意图

（a）错误做法；（b）正确做法

2.3 水喷雾灭火系统

2.3.1 水喷雾灭火系统设置要求

换流站采用的水喷雾灭火系统应满足《水喷雾灭火系统技术规范》（GB 50219—2014）的要求，主变压器、高压并联电抗器及换流变压器采用的水喷雾灭火系统还应符合下列规定。

（1）主变压器、高压并联电抗器及换流变压器采用的水喷雾灭火系统供给强度按照油箱本体、散热器及储油柜不应小于30L/（min·m）、集油坑不应小于2^{10}L/（min·m²）设计。

（2）特高压变电站水喷雾灭火系统的消防管道及喷头布置应避开1000kV出线套管外侧位置。

（3）水喷雾灭火系统的持续供给时间不小于0.4h，可结合周边救援力量适当延长。

2.3.2 水喷雾灭火系统保护范围

水喷雾灭火系统保护对象为主变压器、高压并联电抗器及换流变压器的油箱本体外表面、散热器外表面、储油柜外表面、绝缘套管升高座孔口、集油坑上表面。

2.3.3 喷雾灭火系统保护面积

水喷雾灭火系统保护面积应按扣除底面以外的变压器油箱外表面面积确定外，尚应包括散热器和储油柜的外表面面积及集油坑的投影面积。

2.3.4 水喷雾灭火系统防火性能要求

特高压站防火墙内水喷雾消防管道、连接件及支架应涂覆厚度不小于2mm的膨胀型钢结构防火涂料，其耐火性能不应小于2.00h。

2.3.5 喷雾灭火系统喷头选材要求

水喷雾灭火系统的喷头应选用耐高温不锈钢材质。

2.3.6　水喷雾灭火系统管道连接要求

水喷雾灭火系统防护区内的管道宜采用金属缠绕石墨垫圈或同等材质的法兰连接方式，不宜采用卡箍式的沟槽连接，当管径小于或等于 DN50 时，应采用螺纹连接。

2.3.7　喷雾灭火系统其他要求

雨淋阀室内温度不应低于 4℃，消防泵房内温度不应低于 5℃，同时设置排水措施。雨淋阀室、消防泵房内部温度信息和电采暖电源告警信号应上送至监控系统。

2.3.8　水喷雾灭火系统雨淋报警阀间未设置排水设施

（1）问题概述。雨淋报警阀间在进行系统性的功能检查、检修期间需要大量的排水，若无法及时将积水排走将可能导致阀间设备受潮损坏，影响其正常使用。

（2）规范要求。《水喷雾灭火系统技术规范》（GB 50219—2014）有关规定：

为防止冬季充水管道被冻坏、保护雨淋报警阀组免受日晒雨淋的损伤及非专业人员的误操作，要求其宜设在温度不低于 4℃ 的室内；系统功能检查、检修需大量放水，因此，本条规定还强调了在安装设置报警间组的室内采取相应的排水措施，及时排水，既便于工作，也可避免报警阀组的电器或其他组件因环境潮湿而造成不必要的损害。

（3）图示说明。雨淋报警阀间排水设施设置示意图见图 2-28。

 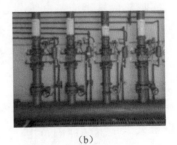

（a）　　　　　　　　　　　　（b）

图 2-28　雨淋报警阀间排水设施设置示意图

（a）错误做法；（b）正确做法

2.3.9 高压套管升高座孔口未设置独立水雾喷头保护，储油柜底边水雾喷头雾状水包裹效果不佳

（1）问题概述。升高座套管未设置独立水雾喷头保护及喷头雾状水包裹效果不佳将会影响灭火效果。

（2）规范要求。《水喷雾灭火系统技术规范》（GB 50219—2014）有关规定：

1）当保护对象为油浸式电力变压器时，水雾喷头的布置应符合下列要求：

a. 变压器绝缘子升高座孔口、储油柜、散热器、集油坑应设水雾喷头保护。

b. 水雾喷头之间的水平距离与垂直距离应满足水雾锥相交的要求。

2）本条规定了确定喷头的布置数量和布置喷头的原则性要求。水雾喷头的布置数量按保护对象的保护面积、设计供给强度量和喷头的流量特性经计算确定；水雾喷头的位置根据喷头的雾化角、有效射程，按满足喷雾直接喷射并完全覆盖保护对象表面布置。当计算确定的布置数量不能满足上述要求时，适当增设喷头直至能够满足直接喷射并完全覆盖保护对象表面的要求。

2.3.10 水雾喷头存在堵塞，出水效果不好、未形成水雾锥或水雾锥未相交包裹被保护物

（1）问题概述。水雾喷头的堵塞将会影响到水雾的流量、喷射的压力及喷雾的形状，进而影响水喷雾系统灭火的效果。

（2）规范要求。

1）《水喷雾灭火系统技术规范》（GB 50219—2014）有关规定：

a. 水雾喷头的选型应符合下列要求：

（a）扑救电气火灾，应选用离心雾化型水雾喷头。

（b）室内粉尘场所设置的水雾喷头应带防尘帽，室外设置的水雾喷头宜戴防尘帽。

（c）离心雾化型水雾喷头应带柱状过滤网。

b. 系统灭火不成功的因素中，供水中断是主要因素之一。利用天然水源作为系统水源时，除水量要符合设计要求外，水源要无杂质，以防堵塞管道、喷头。

c. 水雾喷头是系统喷水灭火的功能部件，要使每个喷头随时都处于正常状态，所以需要每月被查，更换发现问题的喷头。

2）《建筑设计防火规范（2018 年版）》（GB 50016—2014）有关规定：

本条为强制性条文。水喷雾灭火系统喷出的水滴粒径一般在 1mm 以下，喷出的水雾能吸收大量的热量，具有良好的降温作用，同时水在热作用下会迅速变成水蒸气，并包裹保护对象，起到部分窒息灭火的作用。水喷雾灭火系统对于重质油品具有良好的灭火效果。

2.3.11　水雾喷头安装不牢固或喷头型号不满足要求

（1）问题概述。水雾喷头在安装不牢固或型号不满足要求的情况下可能会导致喷头损坏或火灾时使用喷头失效及无法形成合格的灭火水雾，影响喷淋水系统的灭火效果。

（2）规范要求。《水喷雾灭火系统技术规范》（GB 50219—2014）对喷头安装有如下规定：

喷头在安装时要牢固、规整，不能拆卸或损坏喷头上的附件，否则会影响使用。

2.3.12　水雾喷头工作压力不满足要求

（1）问题概述。喷头压力过低可能会导致喷头不能正常工作、工作半径不能覆盖被保护对象或无法形成合格的水雾；喷头压力过高会使喷头超负荷工作，影响喷头寿命，严重者直接导致喷头破裂，影响灭火效果。

（2）规范要求。《水喷雾灭火系统技术规范》（GB 50219—2014）有关规定：

1）水雾喷头：在一定压力作用下，在设定区域内能将水流分解为直径 1mm 以下的水滴，并按设计的洒水形状喷出的喷头。

2）水雾喷头的工作压力，当用于灭火时不应小于 0.35MPa；当用于防护冷却时不应小于 0.2MPa，但对于甲、乙、丙类液体储罐不应小 0.15MPa。

2.3.13　水雾喷头数量低于设计要求

（1）问题概述。水雾喷头数量低于设计要求时会导致形成的水雾无法完全覆盖被保护对象，影响灭火效果。

（2）规范要求。《水喷雾灭火系统技术规范》（GB 50219—2014）有关规定：

本条规定了确定喷头的布置数量和布置喷头的原则性要求。水雾喷头的布置数量按保护对象的保护面积、设计供给强度和喷头的流量特性经计算确定；水雾喷头的位置根据喷头的雾化角、有效射程，按满足喷雾直接喷射并完全覆盖保护对象表面布置。当计算确定的布置数量不能满足上述要求时，适当增设喷头直至喷雾能够满足直接喷射并完全覆盖保护对象表面的要求。

2.3.14　水雾喷头与电气设备之间的距离不满足要求

（1）问题概述。水雾喷头与电气设备之间的距离不满足要求。

（2）规范要求。《水喷雾灭火系统技术规范》（GB 50219—2014）有关规定：

1）由于水雾喷头喷射的雾状水滴是不连续的间断水滴，因此具有良好的电绝缘性能。所以，水喷雾灭火系统可用于扑灭电气设备火灾。但是，水雾喷头和管道均要与带电的电器部件保持一定的距离。

2）综合我国实际情况，喷头、管道与高压电气设备带电（裸露）部分的最小安全净距，本规范采用《高压配电装置设计规范》（DL/T 5352—2018）。

（3）图示说明。水雾喷头与电气设备之间的距离设置示意图见图 2-29。

（a）

（b）

图 2-29　水雾喷头与电气设备之间的距离设置示意图
（a）错误做法；（b）正确做法

2.3.15　水喷雾灭火系统防误动措施不完善

（1）问题概述。水喷雾灭火系统防误动措施不完善将会导致水喷雾系统误喷，导致设备放电，影响设备正常运行。

（2）规范要求。

1）《水喷雾灭火系统技术规范》（GB 50219—2014）有关规定：

当自动水喷雾灭火系统误动作会对保护对象造成不利影响时，应采用两个独立火灾探测器的报警信号进行联锁控制；当保护油浸电力变压器的水喷雾灭火系统采用两路相同的火灾探测器时，系统宜采用火灾探测器的报警信号和变压器的断路器信号进行联锁控制。

2）应符合《国网四川省电力公司关于进一步加强消防隐患治理工作的通知》（川电保卫〔2021〕7 号）（消防设施设备 A 类重要性项新旧规范对比表）第 40 条的有关规定。

2.3.16　水喷雾灭火系统启动方式不满足规范要求

（1）问题概述。水喷雾灭火系统未满足自动控制、手动控制和应急机械启动三种控制方式。

（2）规范要求。

1）《水喷雾灭火系统技术规范》（GB 50219—2014）有关规定：

系统应具有自动控制、手动控制和应急机械启动三种控制方式；但当响应时间大于 120s 时，可采用手动控制和应急机械启动两种控制方式。

2）应符合《国网四川省电力公司关于进一步加强消防隐患治理工作的通知》（川电保卫〔2021〕7 号）（消防设施设备 A 类重要性项新旧规范对比表）第 39 条的有关规定。

2.3.17　雨淋报警阀间警铃设置位置及警铃铃声强度不满足规范要求

（1）问题概述。水力警铃的主要作用是预报火警，一般情况水力警铃的安装位置比较隐蔽，导致警铃报警时，人们不易听到。不利于人员疏散及消防人员灭火。

（2）规范要求。《水喷雾灭火系统技术规范》（GB 50219—2014）有关规定：

雨淋报警阀是水喷雾灭火系统的关键组件，验收中常见的问题是控制阀安装位置不符合设计要求，不便操作，有些控制阀无试水口和试水排水措施，无法监测报警阀处压力、流量及警铃动作情况。警铃的设置位置要靠近报警阀，使人们容易听到铃声。距警铃3m处，水力警铃喷嘴处压力不小于0.05MPa时，其警铃声强度不应小于70dB（A）。

2.3.18 雨淋报警阀前未设置过滤器或过滤器网孔不满足规范要求

（1）问题概述。雨淋报警阀前管道处未安装过滤器或过滤器网孔尺寸不满足要求，水中杂质会影响电磁阀的启闭。

（2）规范要求。《水喷雾灭火系统技术规范》（GB 50219—2014）有关规定：

1）雨淋报警阀前的管道应设置可冲洗的过滤器，过滤器滤网应采用耐腐蚀金属材料，其网孔基本尺寸应为0.600～0.710mm。

2）消防泵组、雨淋报警阀、气动控制阀、电动控制阀、沟槽式管道接件、阀门、水力警铃、压力开关、压力表、管道过滤器、水雾喷头、水泵连接器等系统组件的外观质量应符合下列要求：

a. 应无变形及其他机械性损伤。

b. 外露非机械加工表面保护涂层应完好。

c. 无保护涂层的机械加工面应无锈蚀。

d. 所有外露接口应无损伤，堵、盖等保护物包封应良好。

e. 铭牌标记应清晰、牢固。

2.3.19 水喷雾灭火系统响应时间不满足规范要求

（1）问题概述。水喷雾灭火系统响应时间不满足规范要求，影响水雾喷出时间，进而影响灭火效果。

（2）规范要求。

1）《水喷雾灭火系统技术规范》（GB 50219—2014）对响应时间有如下规定：

水喷雾灭火系统一般用于火灾危险性大、火灾蔓延速度快、灭火难度大的保护对象。当发生火灾时如不及时灭火或进行防护冷却，将造成较大的损失。因此，水喷雾灭火系统不仅要保证足够的供给强度和持续喷雾时间，而且要保证系统能迅速启动。响应时间是评价水喷雾灭火系统启动快慢的性能指标，也是系统设计必须考虑的基本参数之一。本条根据保护对象的防护目的及防火特性，规定了各类对象的响应时间。

2）国外规范有关响应时间的规定如下：

a. 《水喷雾固定灭火系统标准》(NFPA15)规定系统应能使水进入管道并从所有开式喷头有效喷洒水雾，期间不应有延迟。对此解释为水喷雾灭火系统的即时启动需要满足设计目标，在大多数装置中，所有开式喷头应在探测系统探测到火灾后 30s 内有效喷水。另外规定探测系统应在没有延迟的情况下启动系统启动阀。对此在附录中解释为探测系统的响应时间从暴露于火灾到系统启动阀扇动一般为 40s。

b. 《水喷雾固定灭火系统标准》(prEN14816)规定系统设计应满足在探测系统动作之后的 60s 内，所有喷头应能有效喷雾。此外，某些国外规范推荐水喷雾灭火系统采用与火灾自动报警系统联网自动控制，系统组成中采用雨淋报警阀控制水流，并使其能自动或手动开启的做法均是为了保证系统的响应时间。

综上所述，当水喷雾灭火系统用于灭火时，要求系统能够快速启动，以将火灾扑灭于初期阶段，因此，规定系统响应时间不大于 60s。

2.4　泡 沫 灭 火 系 统

2.4.1　泡沫泵站缺少消防专用电话、应急照明灯

（1）问题概述。泡沫泵站未设置消防专用电话分机、应急照明灯，泡沫泵站缺少与本单位消防站、控制室或其他消防部门的通信设备或手段；缺少特殊情况下的应急照明，影响现场照明照度需求。

（2）规范要求。

1）《泡沫灭火系统技术标准》(GB 50151—2021)有关规定：

泡沫消防泵站应设有与本单位消防站或消防保卫部门直接联络的通信设备。

2）《建筑设计防火规范（2018 年版）》(GB 50016—2014)有关规定：

消防控制室、消防水泵房、自备发电房等是要在建筑发生火灾时继续保持正常工作的部位，故消防应急照明的照度值仍应保证正常照明的照度要求。这些场所一般照明标准值参见《建筑照明设计标准》(GB 50034—2013)的有关规定。

（3）图示说明。泡沫泵站消防专用电话、应急照明灯设置示意图见图 2-30。

（a）　　　　　　　　　　　　　　　　　　　（b）

图 2-30　泡沫泵站消防专用电话、应急照明灯设置示意图
（a）错误做法；（b）正确做法

2.4.2　泡沫灭火系统的泡沫灭火剂不满足规范要求

（1）问题概述。特高压换流站泡沫灭火系统的泡沫灭火剂剂型配比等技术要求不满足规范要求；或过期失效；存放非水溶性可燃液体的场所如柴油发电机房、油箱间等，设置闭式泡沫灭火系统时采用普通闭式喷头，为非吸气型喷射装置，泡沫液的选型可能出现选用 6% 混合比的压力式泡沫比例混合装置却使用 6% 型的蛋白、氟蛋白或水成膜泡沫液或选用 3% 混合比的压力式泡沫比例混合装置却使用 3% 型的蛋白或氟蛋白泡沫液等问题；存放水溶性可燃液体如酒精、电解液等的仓库，设置泡沫灭火系统时选用普通泡沫液，不具备抗溶性能；存放水溶性可燃液体的，设置泡沫灭火系统时选用 3% 型抗溶水成膜泡沫液，泡沫混合液的混合比不满足要求。

（2）规范要求。

1）《泡沫灭火剂》（GB 15308—2006）有关规定：

a．低倍泡沫液和泡沫溶液的物理、化学、泡沫性能应符合表 2-2 的要求。

表 2-2　　　　　低倍泡沫液和泡沫溶液的物理、化学、泡沫性能

项目	样品状态	要求	不合格类型	备注
凝固点	温度处理前	在特征值$_3$之内	C	
抗冻结、融化性	温度处理前、后	无可见分层和非均相	B	
沉淀物（体积分数，%）	老化前	≤ 0.25；沉淀物能通过 180μm 筛	C	蛋白型
	老化后	≤ 1.0；沉淀物能通过 180μm 筛	C	

项目	样品状态	要求	不合格类型	备注
比流动性	温度处理前、后	泡沫液流量不小于标准参比液的流量或泡沫液的黏度值不大于标准参比液的黏度值	C	
pH 值	温度处理前、后	6.0 ～ 9.5	C	
表面张力（mN/m）	温度处理前	与特征值的偏差不大于 10%	C	成膜型
界面张力（mN/m）	温度处理前	与特征值的偏差不大于 1.0mN/m 或不大于特征值的 10%，按上述两个差值中较大者判定	C	成膜型
扩散系数（mN/m）	温度处理前、后	正值	B	成膜型
腐蚀率 [mg/（d·dm²）]	温度处理前	Q_{p35} 钢片：≤ 15.0 LF_{21} 铝片：≤ 15.0	B	
发泡倍数	温度处理前、后	与特征值的偏差不大于 1.0 或不大于特征值的 20%，按上述两个差值中较大者判定	B	
25% 析液时间（min）	温度处理前、后	与特征值的偏差不大于 20%	B	

注　差值指二者差值的绝对值。

b. 低倍泡沫液对非水溶性液体燃料的灭火性能应符合表 2-3 和表 2-4 的要求。

表 2-3　　　　　　　　低倍泡沫液应达到的最低灭火性能级别

泡沫液类型	灭火性能级别	抗烧水平	不合格类型	成膜性
AFFF/ 非 AR	Ⅰ	D	A	成膜型
AFFF/AR	Ⅰ	A	A	成膜型
FFFP/ 非 AR	Ⅰ	B	A	成膜型
FFFP/AR	Ⅰ	A	A	成膜型
FP/ 非 AR	Ⅱ	B	A	非成膜型
FP/AR	Ⅱ	A	A	非成膜型
P/ 非 AR	Ⅲ	B	A	非成膜型
P/AR	Ⅲ	B	A	非成膜型
S/ 非 AR	Ⅲ	D	A	非成膜型
S/AR	Ⅲ	C	A	非成膜型

表 2-4 各灭火性能级别对应的灭火时间和抗烧时间

灭火性能级别	抗烧水平	缓施放		强施放	
		灭火时间（min）	抗烧时间（min）	灭火时间（min）	抗烧时间（min）
I	A	不要求		≤3	≥10
	B	≤5	≥15	≤3	不测试
	C	≤5	≥10	≤3	
	D	≤5	≥5	≤3	
II	A	不要求		≤4	≥10
	B	≤5	≥15	≤4	不测试
	C	≤5	≥10	≤4	
	D	≤5	≥5	≤4	
III	B	≤5	≥15	不测试	
	C	≤5	≥10		
	D	≤5	≥5		

c. 温度敏感性的判定。出现表 2-5 所列情况之一时，该泡沫液即被判定为温度敏感性泡沫液。

表 2-5 温度敏感性的判定

项目	判定条件
pH 值	温度处理前、后泡沫液的 pH 值偏差（绝对值）大于 0.5
表面张力（成膜型）	温度处理后泡沫溶液的表面张力低于温度处理前的 0.95 倍或高于温度处理前的 1.05 倍
界面张力（成膜型）	温度处理前后的偏差大于 0.5mN/m，或温度处理后数值低于温度处理前的 0.95 倍或高于温度处理前的 1.05 倍，按二者中的较大者判定
发泡倍数	温度处理后的发泡倍数低于温度处理前的 0.85 倍或高于温度处理前的 1.15 倍
25% 析液时间	温度处理后的数值低于温度处理前的 0.8 倍或高于温度处理前的 1.2 倍

d. 中、高倍泡沫液。

（a）中倍泡沫液的性能应符合表 2-6 的要求。

（b）高倍泡沫液的性能应符合表 2-7 的要求。

（c）温度敏感性的判定：当中倍泡沫液或高倍泡沫液的性能中出现表 2-8 所列情况之一时，该泡沫液即被判定为温度敏感性泡沫液。

表 2-6　　　　　　　　　　　　中倍泡沫液和泡沫溶液的性能

项目	样品状态	要求	不合格类型	备注
凝固点	温度处理前	在特征值$^{+4}_{-4}$℃之内	C	
抗冻结、融化性	温度处理前、后	无可见分层和非均相	B	
沉淀物（体积分数，%）	老化前	≤ 0.25，沉淀物能通过 180μm 筛	C	
	老化后	≤ 1.0，沉淀物能通过 180μm 筛	C	
比流动性	温度处理前、后	泡沫液流量不小于标准参比液流量，或泡沫液的黏度值不大于标准参比液的黏度值	C	
pH 值	温度处理前、后	6.0 ～ 9.5	C	
表面张力（mN/m）	温度处理前、后	与特征值的偏差不大于10%	C	成膜型
界面张力（mN/m）	温度处理前、后	与特征值的偏差不大于1.0mN/m 或不大于特征值的10%，按上述两个差值中较大者判定	C	成膜型
扩散系数（mN/m）	温度处理前、后	正值	B	成膜型
腐蚀率 [mg/（d·dm^2）]	温度处理前	Q_{p35} 钢片：≤ 15.0	B	
		LF_{21} 铝片：≤ 15.0		
发泡倍数	温度处理前、后 适用于淡水	≥ 50	B	
	温度处理前、后 适用于海水	特征值小于 100 时，与淡水测试值的偏差不大于10%；特征值大于等于 100 时，不小于淡水测试值的 0.9 倍不大于淡水测试值的 1.1 倍		
25% 析液时间（min）	温度处理前、后	与特征值的偏差不大于20%	B	
50% 析液时间（min）	温度处理前、后	与特征值的偏差不大于20%	B	
灭火时间（s）	温度处理前、后	≤ 120	A	
1% 抗烧时间（s）	温度处理前、后	≥ 30	A	

表 2-7　　　　　　　　　　　　高倍泡沫液和泡沫溶液的性能

项目	样品状态	要求	不合格类型	备注
凝固点	温度处理前	在特征值$^{+4}_{-4}$℃之内	C	
抗冻结、融化性	温度处理前、后	无可见分层和非均相	B	
沉淀物（体积分数，%）	老化前	≤ 0.25，沉淀物能通过 180μm 筛	C	
	老化后	≤ 1.0，沉淀物能通过 180μm 筛	C	

续表

项目	样品状态	要求	不合格类型	备注
比流动性	温度处理前、后	泡沫液流量不小于标准参比液的流量,或泡沫液的黏度值不大于标准参比液的黏度值	C	
pH 值	温度处理前、后	6.0 ~ 9.5	C	
表面张力(mN/m)	温度处理前、后	与特征值的偏差不大于 10%	C	成膜型
界面张力(mN/m)	温度处理前、后	与特征值的偏差不大于 1.0mN/m 或不大于特征值的 10%,按上述两个差值中较大者判定	C	成膜型
扩散系数(mN/m)	温度处理前、后	正值	B	成膜型
腐蚀率 $[mg/(d \cdot dm^2)]$	温度处理前	Q_{p35} 钢片:≤ 15.0	B	
		LF_{21} 铝片:≤ 15.0		
发泡倍数	温度处理前、后 适用于淡水	≥ 201	B	
	温度处理前、后 适用于海水	不小于淡水测试值的 0.9 倍,不大于淡水测试值的 1.1 倍		
50% 析液时间(min)	温度处理前、后	≥ 10min,与特征值的偏差不大于 20%	B	
灭火时间(s)	温度处理前、后	≤ 150	A	

表 2-8   泡沫液温度敏感性的判定

项目	判定条件
pH 值	温度处理前、后泡沫液的 pH 值偏差大于 0.5
表面张力(成膜型)	温度处理后泡沫溶液的表面张力低于温度处理前的 0.95 倍或高于温度处理前的 1.05 倍
界面张力(成膜型)	温度处理前后的偏差大于 0.5mN/m,或温度处理后数值低于温度处理前的 0.95 倍或高于温度处理前的 1.05 倍,按二者中的较大者判定
发泡倍数	温度处理后的发泡倍数低于温度处理前的 0.8 倍或高于温度处理前的 1.2 倍
25% 析液时间	温度处理后的 25% 析液时间低于温度处理前的 0.8 倍或高于温度处理前的 1.2 倍
50% 析液时间	温度处理后的 50% 析液时间低于温度处理前的 0.8 倍或高于温度处理前的 1.2 倍

e.抗醇泡沫液。

(a)泡沫液和泡沫溶液的物理、化学、泡沫性能应符合表 2-2 的要求。

(b)对非水溶性液体燃料的灭火性能应符合表 2-3 和表 2-4 的要求。

（c）温度敏感性的判定应符合表 2-5 的要求。

（d）对水溶性液体燃料的灭火性能应符合表 2-9 和表 2-10 的要求。

表 2-9　　　　　　　　抗醇泡沫液应达到的最低灭火性能级别

泡沫液类型	灭火性能级别	抗烧水平	不合格类型	成膜性
AFFF/AR	AR Ⅰ	B	A	成膜型
FFFP/AR	AR Ⅰ	B		成膜型
FP/AR	AR Ⅱ	B		非成膜型
P/AR	AR Ⅱ	B		非成膜型
S/AR	AR Ⅰ	B		非成膜型

表 2-10　　　　　　　各灭火性能级别对应的灭火时间和抗烧时间

灭火性能级别	抗烧水平	灭火时间（min）	抗烧时间（min）
AR Ⅰ	A	≤ 3	≥ 15
	B	≤ 3	≥ 10
AR Ⅱ	A	≤ 5	≥ 15
	B	≤ 5	≥ 10

f. 运输和储存。

（a）运输避免磕碰，防止包装受损。

（b）泡沫灭火剂应储存在通风、阴凉处，储存温度应低于 45℃，高于其最低使用温度。按本文件的储存条件或生产厂提出的储存条件要求储存，泡沫液的储存期为：AFFF 8 年；S、中、高倍泡沫液 3 年；P、P/AR、FP、FP/AR、AFFF/AR、S/AR、FFFP、FFFP/AR、灭火器用灭火剂 2 年。储存期内，产品的性能应符合本文件的要求，超过储存期的产品，每年应进行灭火性能检验，以确定产品是否有效。

2）《泡沫灭火系统技术标准》（GB 50151—2021）有关规定：

a. 非水溶性甲、乙、丙类液体储罐固定式低倍数泡沫灭火系统泡沫液的选择应符合下列规定：

（a）应选用 3% 型氟蛋白或水成膜泡沫液。

（b）邻近生态保护红线、饮用水源地、永久基本农田等环境敏感地区，应选用不含强酸碱盐的 3% 型氟蛋白泡沫液。

（c）当选用水成膜泡沫液时，泡沫液的抗烧水平不应低于 C 级。

b. 保护非水溶性液体的泡沫 - 水喷淋系统、泡沫枪系统、泡沫炮系统泡沫液的选择应符合下列规定：

（a）当采用吸气型泡沫产生装置时，可选用 3% 型氟蛋白、水成膜泡沫液。

（b）当采用非吸气型喷射装置时，应选用 3% 型水成膜泡沫液。

c. 对于水溶性甲、乙、丙类液体及其他对普通泡沫有破坏作用的甲、乙、丙类液体，必须选用抗溶水成膜、抗溶氟蛋白或低黏度抗溶氟蛋白泡沫液。

（3）建议做法。

1）非水溶性可燃液体保护场所设置闭式泡沫 - 水喷淋系统时，水成膜泡沫液经普通喷淋头喷洒后，泡沫析出液能在可燃液体表面产生一层坚韧、牢固的防护膜，从而达到隔离灭火的作用。在涉及采用水喷头等非吸气型喷射装置进行灭火时，必须选用 3% 型水成膜泡沫液作为泡沫灭火系统的灭火剂。

2）当泡沫灭火系统用于保护存放水溶性可燃液体的场所时，必须选择抗溶泡沫灭火剂。由于 3% 型抗溶泡沫液黏度相对较高，抽吸相对困难，混合比受黏度影响非常明显。因此，泡沫灭火系统保护水溶性可燃液体场所并选用抗溶水成膜泡沫液时，建议选择 6% 型的。

2.4.3 泡沫液储罐安装不符合要求

（1）问题概述。部分泡沫液储罐罐体或铭牌、标志牌上没有清晰注明灭火剂型号、配比浓度、有效日期和储量；储罐配件没有液位计；泡沫液储罐安装在室外，未设置防冻和防晒措施；泡沫液储罐安装不规范，没有留出足够的操作和检修空间；泡沫液储罐控制阀距地高度超过 1.8m，未设置操作平台或操作凳。

（2）规范要求。《泡沫灭火系统技术标准》（GB 50151—2021）有关规定：

1）泡沫液宜储存在干燥通风的房间或敞篷内；储存的环境温度应满足泡沫液使用温度的要求。

2）常压泡沫液储罐应符合下列规定：储罐上应设出液口、液位计、进料孔、排渣孔、人孔、取样口。

3）泡沫液储罐的安装位置和高度应符合设计要求。储罐周围应留有满足检修需要的通道，其宽度不宜小于 0.7m，且操作面不宜小于 1.5m；当储罐上的控制阀距地面高度大于 1.8m 时，应在操作面处设置操作平台或操作凳。储罐上应设置铭牌，并应标识泡沫液种类、型号、出厂日期和灌装日期、有效期及储量等内容，不同种类、不同牌号的泡沫液不得混存。

（3）图示说明。泡沫液储罐安装设置示意图见图 2-31。

储罐上未设置铭牌，且无液位计

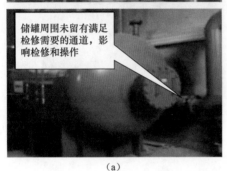

储罐周围未留有满足检修需要的通道，影响检修和操作

（a）

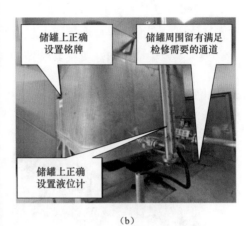

储罐上正确设置铭牌

储罐周围留有满足检修需要的通道

储罐上正确设置液位计

（b）

图 2-31　泡沫液储罐安装设置示意图
（a）错误做法；（b）正确做法

2.4.4　泡沫灭火系统控制阀门和管道不符合要求

（1）问题概述。泡沫液储罐控制阀未设置启 / 闭状态标识牌；泡沫消防水泵出口管道口径大于 300mm 时采用手动阀门；管道外壁未进行防腐处理；泡沫液管道采用普通不锈钢管，未按要求采用相应材质的管道；在寒冷季节有冰冻的地区，泡沫灭火系统的湿式管道未采取防冻措施；泡沫混合液主管道未设置流量检测接口和试验检测口。

（2）规范要求。《泡沫灭火系统技术标准》（GB 50151—2021）有关规定：

1）系统中所用的控制阀门应有明显的启闭标志。

2）泡沫消防水泵出口管道口径大于 300mm 时，不宜采用手动阀门。

3）低倍数泡沫灭火系统的水与泡沫混合液及泡沫管道应采用钢管，且管道外壁应进行防腐处理。

4）中倍数、高倍数泡沫灭火系统的干式管道宜采用镀锌钢管；湿式管道宜采用不锈钢管或内部、外部进行防腐处理的钢管；中倍数、高倍数泡沫产生器与其管道过滤器的连接管道应采用奥氏体不锈钢管。

5）泡沫液管道应采用奥氏体不锈钢管。

6）在寒冷季节有冰冻的地区，泡沫灭火系统的湿式管道应采取防冻措施。

7）在固定式系统的泡沫混合液主管道上应留出泡沫混合液流量检测仪器的安装位置；在泡沫混合液管道上应设置试验检测口。

（3）图示说明。泡沫灭火系统控制阀门和管道设置示意图见图 2-32。

（a）   （b）

图 2-32　泡沫灭火系统控制阀门和管道设置示意图

（a）错误做法；（b）正确做法

2.4.5　固定式泡沫灭火系统动力源设备设施不符合要求

（1）问题概述。泡沫灭火系统设置场所供电负荷为二级和二级以下，消防供水主备泵全部采用电动泵，未采用柴油机拖动的泡沫消防水泵做备用泵。

（2）规范要求。《泡沫灭火系统技术标准》（GB 50151—2021）有关固定式系统动力源和泡沫消防水泵的设置应符合下列规定：

1）泡沫-水喷淋系统、泡沫喷雾系统、中倍数与高倍数泡沫系统，主用与备用泡沫消防水泵可全部采用由一级供电负荷电动机拖动；也可采用由二级供电负荷电动机拖动的泡沫消防水泵做主用泵，采用柴油机拖动的泡沫消防水泵做备用泵。

2）四级及以下独立石油库与油品站场、防护面积小于 $200m^2$ 的单个非重要防护区设置的泡沫系统，可采用由二级供电负荷电动机拖动的泡沫消防水泵供水，也可采用由柴油机拖动的泡沫消防水泵供水。

当泡沫-水喷淋系统设置场所不具备一级供电负荷时，采用由二级供电负荷电机拖动的泡沫消防水泵做主用泵，采用柴油机拖动的泡沫消防水泵做备用泵。

（3）图示说明。固定式泡沫灭火系统动力源设备布置示意图见图 2-33。

2.4.6 泡沫喷雾系统设计强度不符合要求

（1）问题概述。泡沫产生装置选型时，当单组变压器的额定容量大于 600MV·A 时，仍采用由压缩氮气驱动储罐内的泡沫液经离心雾化型水雾喷头喷洒泡沫的形式；原设计泡沫喷雾系统设计供给强度不为 8L/（min·m²），低于要求的供给强度；变压器套管插入直流阀厅布置的换流站没有可远程控制的高架泡沫炮；系统的连续供给时间不符合要求。

图 2-33 固定式泡沫灭火系统动力源设备布置示意图（正确做法）

（2）规范要求。《泡沫灭火系统技术标准》（GB 50151—2021）有关规定：

1）泡沫喷雾系统用于保护独立变电站的油浸电力变压器时，其系统形式的选择应符合下列规定：

a. 当单组变压器的额定容量大于 600MV·A 时，宜采用由泡沫消防水泵通过比例混合装置输送泡沫混合液经离心雾化型水雾喷头喷洒泡沫的形式。

b. 当单组变压器的额定容量不大于 600MV·A 时，可采用由压缩氮气驱动储罐内的泡沫液经离心雾化型水雾喷头喷洒泡沫的形式。

2）当保护油浸电力变压器时，泡沫喷雾系统设计应符合下列规定：

a. 系统的供给强度不应小于 8L/（min·m²）。

b. 对于变压器套管插入直流阀厅布置的换流站，系统应增设流量不低于 48L/s 可远程控制的高架泡沫炮，且系统的泡沫混合液设计流量应增加一台泡沫炮的流量。

c. 当系统设置比例混合装置时，系统的连续供给时间不应小于 30min；当采用由压缩氮气驱动形式时，系统的连续供给时间不应小于 15min。

（3）注意事项。现实工程中大多数采用了压缩氮气驱动的系统形式，采用泡沫消防水泵、比例混合器的系统比采用压缩氮气驱动的系统既简单经济，又安全可靠，其避开了压力容器的安全和漏气问题，也避开了泡沫液的储存期长短问题，理应取代压缩氮气驱动的系统，但考虑到压缩氮气驱动形式存量大和相关设计单位需要一定的熟悉过程，所以有条件地保留了该种形式的系统。需要注意的是，单组变压器的额定容量是指三相容量之和，对于三相共体的变压器，即为一台变压器的容量，对于三相分体的变压器，为 A 相、B 相、C 相三台变压器的容量之和。

2.4.7 泡沫灭火系统管道涂刷的颜色不符合规范要求

（1）问题概述。泡沫灭火系统管道涂刷的颜色不符合规范要求；设计图纸未明确泡沫灭火系统管道的色标要求；施工单位对泡沫灭火系统管道颜色要求不清楚，在施工过程中将进水管、泡沫混合液管均刷成红色，或将泡沫混合液输送管道涂成黄色、绿色等其他颜色。

（2）规范要求。《泡沫灭火系统技术标准》（GB 50151—2021）有关规定：

1）泡沫消防水泵、泡沫液泵、泡沫液储罐、泡沫产生器、泡沫液管道、泡沫混合液管道、泡沫管道、管道过滤器等宜涂红色。

2）给水管道宜涂绿色。

3）当管道较多，泡沫系统管道与工艺管道涂色有矛盾时，可涂相应的色带或色环。

（3）图示说明。泡沫灭火系统管道颜色示意图见图 2-34。

（a）

图 2-34　泡沫灭火系统管道颜色示意图（一）

（a）错误做法

（b）

图 2-34　泡沫灭火系统管道颜色示意图（二）

（b）正确做法

2.4.8　泡沫液储罐安装不规范，操作检修空间狭窄等不符合要求

（1）问题概述。

1）泡沫液储罐贴墙安装，装置最主要的操作控制阀门位于贴墙一侧，无法正常操作和检修。

2）泡沫液储罐基础偏高，导致罐体上阀门、仪表距地偏高，操作检修非常困难。

（2）规范要求。应符合《泡沫灭火系统技术标准》（GB50151—2021）中9.3.1 的有关规定。

（3）图示说明。泡沫液储罐安装示意图见图 2-35。

（a）

图 2-35　泡沫液储罐安装示意图（一）

（a）错误做法

泡沫罐周围留有足够的操作、检修空间

泡沫罐基础高度符合要求，操作、检修方便

（b）

图 2-35　泡沫液储罐安装示意图（二）

（b）正确做法

2.4.9　泡沫混合液输送管道未设置放空措施

（1）问题概述。泡沫混合液输送管道存在 U 形管，泡沫灭火系统启动后，无法排空管道内残余的泡沫混合液，造成管道腐蚀加速，影响设备使用寿命。

（2）规范要求。应符合《泡沫灭火系统技术标准》（GB 50151—2021）中 9.3.19 的规定。

（3）图示说明。泡沫混合液输送管道放空措施示意图见图 2-36。

U形管处泡沫混合液无法放空

U形管处泡沫混合液无法放空

（a）

图 2-36　泡沫混合液输送管道放空措施示意图（一）

（a）错误做法

（b）

图 2-36　泡沫混合液输送管道放空措施示意图（二）

（b）正确做法

2.5　气体灭火系统

2.5.1　气体灭火系统防护区启动装置设置不符合要求

（1）问题概述。容积较大的气体灭火防护区，设置 2 组钢瓶、管网同时喷放，每组设备单独设置启动钢瓶，不符合要求。

（2）规范要求。《气体灭火系统设计规范》（GB 50370—2005）有关规定：同一防护区，当设计两套或三套管网时，集流管可分别设置系统启动装置必须共用。各管网上喷头流量均应按同一灭火设计浓度、同一喷放时间进行设计。

2.5.2　灭火剂输送管道管件安装不符合要求

（1）问题概述。灭火剂输送管道采用四通分流，造成实际分流与设计计算差异较大。

（2）规范要求。《气体灭火系统设计规范》（GB 50370—2005）有关规定：管网上不应采用四通管件进行分流。

（3）图示说明。灭火剂输送管道管件安装示意图见图 2-37。

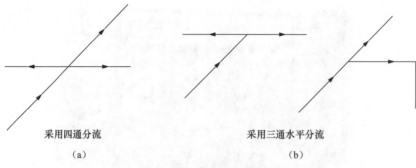

采用四通分流　　　　　　　　　采用三通水平分流

（a）　　　　　　　　　　　　　　（b）

图 2-37　灭火剂输送管道管件安装示意图

（a）错误做法；（b）正确做法

2.5.3　气体喷头选型、安装不符合要求

（1）问题概述。

1）施工中为避让其他专业设备和管线，随意调整气体灭火管网布置、走向、标高和喷头的安装位置，造成灭火剂喷放不均匀或喷放时间延长，影响灭火。

2）施工单位采购的气体灭火系统喷嘴型号与设计不符，未按设计要求安装指定规格代号的喷头，导致灭火剂喷放不均匀或喷放时间延长，影响灭火。

3）设备制造商经型式试验合格的喷头规格系列偏少，在深化设计和生产供货时，根据现有产品随意选型，造成喷头实际规格代号与理论计算结果出现较大偏差，造成灭火剂喷放不均匀或喷放时间延长，影响灭火。

4）选用的气体喷头无规格型号或标注不规范。

（2）规范要求。《气体灭火系统设计规范》（GB 50370—2005）有关规定：

1）喷头的保护高度和保护半径，应符合下列规定：

a．最大保护高度不宜大于 6.5m。

b．最小保护高度不应小于 0.3m。

c．喷头安装高度小于 1.5m 时，保护半径不宜大于 4.5m。

d．喷头安装高度不小于 1.5m 时，保护半径不应大于 7.5m。

2）喷头宜贴近防护区顶面安装，距顶面的最大距离不宜大于 0.5m。

3）喷头的实际孔口面积，应经试验确定，喷头规格应符合表 2-11 的规定。

表 2-11　　　　　　　　　喷头规格和等效孔口面积

喷头规格代号	等效孔口面积（cm²）
8	0.3168
9	0.4006
10	0.4948
11	0.5987
12	0.7129
14	0.9697
16	1.267
18	1.603
20	1.979
22	2.395
24	2.850
26	3.345
28	3.879

5）喷头应有型号、规格的永久性标识。设置在有粉尘、油雾等防护区的喷头，应有防护装置。

6）喷头的布置应满足喷放后气体灭火剂在防护区内均匀分布的要求。当保护对象属可燃液体时，喷头射流方向不应朝向液体表面。

（3）应对措施。气体灭火系统喷头的选型和安装，对系统喷放时间和喷放浓度有着直接的影响，特别是内部存在多个隔间或设置吊顶、地板的保护区，隔断会阻碍灭火剂的流动，每一个空间需要靠计算所得的喷头压力和等效孔口面积来保证各自空间内部的喷放量、喷放压力和喷放时间，并在规定时间内建立起设计要求的灭火浓度。

因此，气体灭火系统设计必须利用正规软件进行详细的压力计算，出具计算书，并根据设计计算数据，在施工图中明确系统管网布置和喷头规格代号。施工单位在设备采购或施工前，应仔细核对产品规格型号、实际管网布置和施工图的匹配性，若出现比较明显的误差，应对系统进行深化设计计算，满足规范要求，后方可施工。

2.5.4　预制灭火系统设置不符合要求

（1）问题概述。

1）防护区设置的预制灭火系统装置超过 10 台。

2）设置多台预制灭火装置的保护区，气体灭火控制盘启动输出电流无法保证同时开启各灭火装置时，采用分时脉冲方式依次启动各台灭火装置，造成延时启动。

（2）规范要求。《气体灭火系统设计规范》（GB 50370—2005）有关规定：

1）一个防护区设置的预制灭火系统，其装置数量不宜超过 10 台。

2）同一防护区内的预制灭火系统装置多于 1 台时，必须能同时启动，其动作响应时差不得大于 2s。

（3）应对措施。当防护区容积较大，预制灭火系统装置数量较多时，尽量选用灭火剂充装规格较大的灭火装置，以减少装置的总数量；如果保护区面积大于 500m²，或容积大于 1600m³，建议采用管网灭火系统。

保护区设置多台预制灭火装置，气体灭火控制盘启动输出电流不够时，建议采用增加外部电源的方式，保证各装置同时启动。

2.5.5　气体灭火防护区泄压口设置不符合要求

（1）问题概述。

1）设置气体灭火系统的防护区，施工中未按规范和设计要求设置泄压口。

2）七氟丙烷、二氧化碳等灭火系统的泄压口安装高度不符合要求。

3）泄压口安装方向错误，不能向防护区外泄压，或泄压口门板翻转方向有风管、桥架、管道等障碍物遮挡，无法完全开启。

4）防护区存在外墙的，泄压口未设在外墙上。

5）泄压口安装后，其边框与墙洞之间的缝隙处，防火封堵措施不到位。

（2）规范要求。《气体灭火系统设计规范》（GB 50370—2005）有关规定：

1）防护区应设置泄压口，七氟丙烷灭火系统的泄压口应位于防护区净高的 2/3 以上。

2）防护区设置的泄压口，宜设在外墙上。泄压口面积按相应气体灭火系统设计规定计算。

（3）应对措施。

1）设置气体灭火系统的防护区，应按规范和设计要求安装泄压口，并选择泄压有效面积符合设计参数要求的泄压口。

2）灭火剂密度比空气密度大的七氟丙烷、二氧化碳等灭火系统，喷放后为防止灭火剂从泄压口泄漏，造成灭火浓度降低，施工中应确保泄压口底边高于防护区室内净高的 2/3。对于灭火剂密度与空气密度接近的 IG541、IG100 等惰性气体灭火系统，虽然泄压口安装高度没有具体规定，但从安全角度考虑，建议泄压口底边也按高于防护区室内净高的 2/3 考虑。

3）泄压口安装前，建议施工单位先和其他专业沟通确认安装位置，确保泄压口安装后能完全开启，也不影响其他专业的正常施工；安装前要看清泄压的正反方向，防止装反。

4）《气体灭火系统设计规范》（GB 50370—2005）中 3.2.8 的条文解释已明确防护区存在外墙的，就应该设在外墙上；防护区不存在外墙的，可考虑设在与走廊相隔的内墙上。泄压口设在室内走廊或相邻房间隔墙上，防护区灭火剂喷放后超压泄放，会将火灾环境下的高温、有毒有害气体排向室内场所，对相邻区域的防火安全和人员疏散安全带来威胁。部分安装在走廊隔墙上，向走廊吊顶内等封闭空间泄压的场所，会造成泄压后废气不容易排除的问题。因此，建议严格按照规范要求安装泄压口。

5）气体灭火防护区虽然对围护结构、门窗、吊顶的耐火极限要求不高，但考虑到设置气体灭火系统的房间大部分都比较重要，在建筑防火方面通常对墙体等建筑构件耐火等级有比较高的要求，因此防护区隔墙上面的泄压口安装后，其边框与墙洞之间的缝隙处，防火封堵措施需要做到位。

（4）图示说明。气体灭火防护区泄压口设置示意图见图 2-38。

(a)

图 2-38　气体灭火防护区泄压口设置示意图（一）

(a) 错误做法

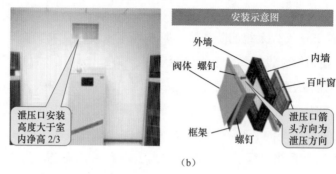

图 2-38　气体灭火防护区泄压口设置示意图（二）

（b）正确做法

2.5.6　气体灭火防护区联动控制不符合要求

（1）问题概述。气体灭火防护区外墙上设置了常开通风口，但通风口未设置联动关闭装置，气体灭火喷放前无法自动关闭。

工程中气体灭火控制器不直接连接火灾探测器时，防护区内送（排）风机、风阀、空调通风系统、电动防火阀、门、窗等，通常由火灾报警系统直接联动控制。在此类工程案例中，如果气体灭火控制器与火灾报警联动控制器属于不同品牌产品，相互之间的报警及联动控制通信就会出现问题。当气体灭火控制器上的手动启动按钮或防护区门外设置的紧急启动按钮按下后，气体灭火控制盘可以对气体灭火设备进行联动控制，但消防联动控制器不能接收来自气体灭火控制盘的手动启动指令，导致防护区送（排）风机、风阀、空调通风系统、电动防火阀、门、窗等不能在灭火前被关闭或停止。

（2）规范要求。

1）《气体灭火系统设计规范》（GB 50370—2005）有关规定：

a. 喷放灭火剂前，防护区内除泄压口外的开口应能自行关闭。

b. 气体灭火系统的操作与控制，应包括对开口封闭装置、通风机械和防火阀等设备的联动操作与控制。

2）《火灾自动报警系统设计规范》（GB 50116—2013）有关气体灭火控制器、泡沫灭火控制器直接连接火灾探测器时，气体灭火系统、泡沫灭火系统的自动控制方式应符合下列规定：

a. 关闭防护区域的送（排）风机及送（排）风阀门。

b. 停止通风和空气调节系统及关闭设置在该防护区域的电动防火阀。

c. 联动控制防护区域开口封闭装置的启动，包括关闭防护区域的门、窗。

（3）应对措施。

1）当气体防护区设有通风换气口或可开启的窗扇时，建议选择带电动执行机构的产品，并由气体灭火控制器对其进行联动控制。

2）当气体灭火控制器和火灾报警联动控制器品牌不一致时，为了避免相互之间通信障碍而导致联动控制功能失效，建议灭火前需关闭或停止的送（排）风机、风阀、空调通风系统、电动防火阀、门、窗等，统一由气体灭火控制器进行联动控制。

（4）图示说明。气体灭火防护区联动控制示意图见图2-39。

图 2-39　气体灭火防护区联动控制示意图

2.5.7　气体灭火防护区实际喷放浓度不符合要求

（1）问题概述。采用组合分配系统保护的防护区，未校核各防护区的实际喷放浓度，造成防护区实际喷放浓度大于灭火设计浓度的1.1倍，甚至大于有毒性反应浓度（LOAEL浓度）。

（2）规范要求。《气体灭火系统设计规范》（GB 50370—2005）有关规定：

1）防护区实际应用的浓度不应大于灭火设计浓度的1.1倍。

2）有人工作防护区的灭火设计浓度或实际使用浓度，不应大于有毒性反应浓度（LOAEL 浓度），该值应符合表 2-12 的规定。

表 2-12　　　　　　　七氟丙烷和 IG541 的 NOAEL、LOAEL 浓度

项目	七氟丙烷	IG541
NOAEL 浓度	9.0%	43%
LOAEL 浓度	10.5%	52%

（3）应对措施。气体灭火系统防护区实际喷放浓度过高，对人员安全会产生直接的影响，特别是通常有人工作的防护区，实际喷放浓度要严格控制在 10.5% 以内。施工单位在深化设计或设备选型时，要结合现场防护区实际尺寸，仔细复核每个防护区的实际喷放浓度，确保系统安全可靠。

（4）图示说明。气体灭火防护区实际喷放浓度对照表见表 2-13。

表 2-13　　　　　　　　　气体灭火防护区实际喷放浓度对照表

序号	楼层	防护区名称	面积(m²)	高度(m)	体积(m³)	设计浓度(%)	喷放时间(s)	设计用量(kg)	实际充装量(kg)	组数(只)	储级规格(L)	实际用量(kg)	实际浓度/设计浓度(%)	实际浓度(%)	总药剂量(kg)	泄压口面积(m²)
1	1F	电池室	63.00	5.60	352.80	9	10	254.39	82.0	4		324.0	1.24	11.19	328.0	0.140
2	1F	配电室	45.40	5.60	254.24	9	10	183.33	82.0	3		243.0	1.29	11.59	246.0	0.105
3	1F	运营商机房 A	19.21	5.60	107.58	8	8	68.20	82.0	1		81.0	1.17	9.36	82.0	0.044
4	1F	运营商机房 B	26.60	5.60	148.96	8	8	94.44	82.0	2	90	162.0	1.62	12.98	164.0	0.088
5	2F	电池室 A	81.00	5.50	445.50	9	10	321.23	82.0	4		324.0	1.01	9.07	328.0	0.140
6	2F	电池室 B	81.00	5.50	445.50	9	10	321.23	82.0	4		324.0	1.01	9.07	328.0	0.140
7	3F	电池室 A	81.00	5.50	445.50	9	10	321.23	82.0	4		324.0	1.01	9.07	328.0	0.140
8	3F	电池室 B	81.00	5.50	445.50	9	10	321.23	82.0	4		324.0	1.01	9.07	328.0	0.140

注　七氟丙烷灭火系统计算表中 1～4 区实际喷放浓度均大于灭火设计浓度的 1.1 倍，其中 1、2、4 区大于有毒性反应浓度（LOAEL 浓度）10.5%，不符合要求。

2.5.8　气体灭火防护区设置不符合要求

（1）问题概述。

1）工程中为节约成本，控制组合分配系统防护区数量不超过 8 个，人为将 2 个或 2 个以上相邻却完全独立、封闭的气体防护空间合并成一个区域进行保护。

2）单个气体防护区面积或容积超出规范限值太多，不符合要求。

3）气体防护区建筑结构耐火极限和耐压强度不符合要求。

4）气体防护区疏散门设置不符合要求。

5）地下防护区和无窗或设固定窗扇的地上防护区，未设置机械排风装置，或排风阀、防火阀、排风口、手动控制装置等设置不符合要求。

（2）规范要求。

1）《气体灭火系统设计规范》（GB 50370—2005）有关规定：

a．防护区划分应符合下列规定：

（a）防护区宜以单个封闭空间划分；同一区间的吊顶层和地板下需同时保护时，可合为一个防护区。

（b）采用管网灭火系统时，一个防护区的面积不宜大于 800m^2，且容积不宜大于 3600m^3。

（c）采用预制灭火系统时，一个防护区的面积不宜大于 500m^2，且容积不宜大于 1600m^3。

b．防护区围护结构及门窗的耐火极限均不宜低于 0.5h；吊顶的耐火极限不宜低于 0.25h。

c．防护区围护结构承受内压的允许压强，不宜低于 1200Pa。

d．防护区应有保证人员在 30s 内疏散完毕的通道和出口。

e．防护区的门应向疏散方向开启，并能自行关闭；用于疏散的门必须能从防护区内打开。

f．灭火后的防护区应通风换气，地下防护区和无窗或设固定窗扇的地上防护区，应设置机械排风装置，排风口宜设在防护区的下部并应直通室外。通信机房、电子计算机房等场所的通风换气次数不应少于每小时 5 次。

2）《低压配电设计规范》（GB 50054—2011）有关规定：

成排布置的配电屏，其长度超过 6m 时，屏后的通道应设 2 个出口，并宜布置在通道的两端；当 2 个出口之间的距离超过 15m 时，其间尚应增加出口。

（3）图示说明。气体灭火防护区设置示意图见图 2-40。

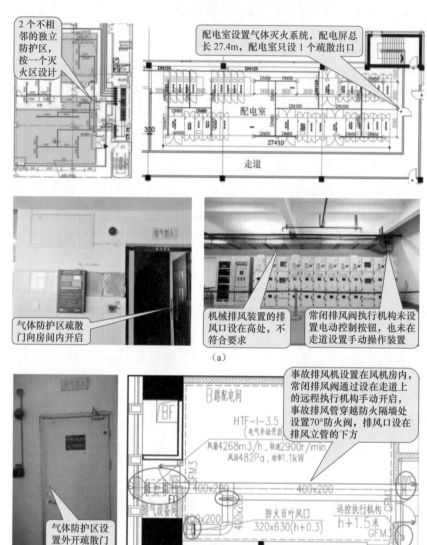

图 2-40　气体灭火防护区设置示意图
（a）错误做法；（b）正确做法

2.5.9　气体灭火系统储瓶间设置不符合要求

（1）问题概述。

1）管网灭火系统储存装置未设在专用的储瓶间内，安装在防护区内或其他场所；储瓶间建筑物耐火极限不满足要求。

2）储瓶间没有直接通向室外或疏散走道的门，或疏散门向内开启。

3）储瓶间钢瓶操作面距墙面或两操作面之间的距离太小，影响操作。

4）没有窗户的储瓶间，未设置机械排风装置，或设置了机械排风装置，但排风口设置不符合要求。

（2）规范要求。《气体灭火系统设计规范》（GB 50370—2005）有关规定：

1）储存装置应符合下列规定：

a. 管网灭火系统的储存装置宜设在专用储瓶间内。储瓶间宜靠近防护区，并应符合建筑物耐火等级不低于二级的有关规定及有关压力容器存放的规定，且应有直接通向室外或疏散走道的出口。储瓶间和设置预制灭火系统的防护区的环境温度应为 -10 ~ 50℃。

b. 储存装置的布置，应便于操作、维修及避免阳光照射。操作面距墙面或两操作面之间的距离不宜小于 1.0m，且不应小于储存容器外径的 1.5 倍。

2）储瓶间的门应向外开启，储瓶间内应设应急照明；储瓶间应有良好的通风条件，地下储瓶间应设机械排风装置，排风口应设在下部，可通过排风管排出室外。

（3）图示说明。气体灭火系统储瓶间设置示意图见图 2-41。

（a）

图 2-41　气体灭火系统储瓶间设置示意图（一）

（a）错误做法

气体灭火储存装置设在专用储瓶间内，疏散门向外开启，并直通疏散走道

2排钢瓶操作面之间距离大于1m

储瓶间机械排风装置的排风口设在下部

（b）

图2-41 气体灭火系统储瓶间设置示意图（二）

（b）正确做法

2.5.10 气体灭火系统储存装置设置不符合要求

（1）问题概述。

1）选择阀、驱动气瓶反向安装，选择阀操作手柄在背面，启动瓶压力表朝向背面，不方便操作。

2）选择阀、驱动气瓶未设置区域标志；灭火剂钢瓶、驱动气瓶容器阀和选择阀手动控制与应急操作部位缺少警示标志和铅封。

3）灭火剂钢瓶或驱动气瓶压力表显示不正常。

4）灭火系统设备泄压装置安装位置靠近应急操作部位。

5）电磁驱动装置驱动器电气连接线安装不规范。

6）气动驱动装置启动管道安装固定不符合要求，组合分配系统启动管道中用于控制开启钢瓶数量的气体单向阀方向装反，造成灭火剂钢瓶开启数量错误。

7）设置驱动气瓶的气体灭火系统，驱动气体控制管路上未安装低泄高封阀。

8）灭火剂钢瓶或启动钢瓶阀门安全防护机构未拆除。

（2）规范要求。

1）《气体灭火系统设计规范》（GB 50370—2005）有关规定：

a. 组合分配系统中的每个防护区应设置控制灭火剂流向的选择阀，其公称直径应与该防护区灭火系统的主管道公称直径相等。选择阀的位置应靠近储存容器且便于操作。选择阀应设有标明其工作防护区的永久性铭牌。

b．灭火系统的手动控制与应急操作应有防止误操作的警示显示与措施。

2）《气体灭火系统施工及验收规范》（GB 50263—2007）有关规定：

a．灭火剂储存装置安装后，泄压装置的泄压方向不应朝向操作面。低压二氧化碳灭火系统的安全阀应通过专用的泄压管接到室外。

b．集流管上的泄压装置的泄压方向不应朝向操作面。

c．选择阀操作手柄应安装在操作面一侧，当安装高度超过 1.7m 时应采取便于操作的措施。

d．选择阀上应设置标明防护区域或保护对象名称或编号的永久性标志牌，并应便于观察。

e．电磁驱动装置驱动器的电气连接线应沿固定灭火剂储存容器的支、框架或墙面固定。

f．气动驱动装置的安装应符合下列规定：

（a）驱动气瓶的支、框架或箱体应固定牢靠，并做防腐处理。

（b）驱动气瓶上应有标明驱动介质名称、对应防护区或保护对象名称或编号的永久性标志，并应便于观察。

g．气动驱动装置的管道安装应符合下列规定：

（a）管道布置应符合设计要求。

（b）竖直管道应在其始端和终端设防晃支架或采用管卡固定。

（c）水平管道应采用管卡固定。管卡的间距不宜大于 0.6m。转弯处应增设 1 个管卡。

h．气动驱动装置的管道安装后应做气压严密性试验，并合格。

i．驱动气瓶和选择阀的机械应急手动操作处，均应有标明对应防护区或保护对象名称的永久标志。

j．驱动气瓶的机械应急操作装置均应设安全销并加铅封，现场手动启动按钮应有防护罩。

3）《气体灭火系统及部件》（GB 25972—2010）有关低泄高封阀的设置应符合下列规定：

驱动气体控制管路上应安装低泄高封阀。

（3）图示说明。气体灭火系统储存装置设置示意图见图 2-42。

选择阀、驱动气瓶均未设置区域标志；钢瓶容器阀和选择阀应急操作部位缺少警示标志和铅封

选择阀和驱动气瓶紧贴墙体安装，操作面在靠墙一侧

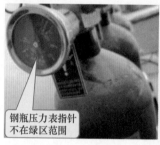

集流管安全泄压阀靠近驱动气瓶，应急操作时存在安全隐患

钢瓶压力表指针不在绿区范围

（a）

选择阀、驱动气瓶区域标志牌已设置

防止误操作的警示牌、保险销和铅封已设置

安全泄压阀设在集流管末端，远离驱动气瓶

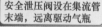

启动瓶电磁阀和压力开关控制线穿金属软管保护，并沿金属线槽敷设

启动管道采用支架和管卡固定

驱动气瓶的机械应急操作装置安全销、铅封均已设置

驱动气体控制管路已安装低泄高封阀

（b）

图 2-42 气体灭火系统储存装置设置示意图

（a）错误做法；（b）正确做法

2.5.11　气体灭火系统管材、管道连接件选型不符合要求

（1）问题概述。

1）气体灭火系统选用的无缝钢管壁厚未按系统类别进行选型，导致管道壁厚不符合系统设计要求。

2）气体灭火系统管道连接件公称工作压力不符合系统最大工作压力要求。

3）气体灭火系统管道、管接件未采取内外热浸镀锌防腐处理，或镀锌层厚度不够。

4）法兰密封垫或紧固件不符合要求。

（2）规范要求。

1）《气体灭火系统设计规范》（GB 50370—2005）有关规定：

a. 管道及管道附件应符合下列规定：

（a）输送气体灭火剂的管道应采用无缝钢管。其质量应符合《输送流体用无缝钢管》（GB/T 8163—2018）、《高压锅炉用无缝钢管》（GB 5310—2017）等的有关规定。无缝钢管内外应进行防腐处理，防腐处理宜采用符合环保要求的方式。

（b）管道的连接，当公称直径小于或等于 80mm 时，宜采用螺纹连接；大于 80mm 时，宜采用法兰连接。钢制管道附件应内外防腐处理，防腐处理宜采用符合环保要求的方式。使用在腐蚀性较大的环境里，应采用不锈钢的管道附件。

b. 系统组件与管道的公称工作压力，不应小于在最高环境温度下所承受的工作压力。

2）《气体灭火系统施工及验收规范》（GB 50263—2007）有关规定：

a. 管材、管道连接件的品种、规格、性能等应符合相应产品标准和设计要求。

b. 水压强度试验压力应按下列规定取值：

（a）对高压二氧化碳灭火系统，应取 15.0MPa；对低压二氧化碳灭火系统，应取 4.0MPa。

（b）对 IG 541 混合气体灭火系统，应取 13.0MPa。

（c）对卤代烷 1301 灭火系统和七氟丙烷灭火系统，应取 1.5 倍系统最大工作压力，系统最大工作压力可按表 2-14 取值。

表 2-14   系统储存压力、最大工作压力

系统类别	最大充装密度（kg/m³）	储存压力（MPa）	最大工作压力（MPa）（50℃时）
混合气体（IG541）灭火系统	—	15.0	17.2
	—	20.0	23.2
七氟丙烷灭火系统	1150	2.5	4.2
	1120	4.2	6.7
	1000	5.6	7.2

3)《气体消防系统选用、安装与建筑灭火器配置》（07S207）有关规定：

气体灭火剂输送管道应采用无缝钢管。其质量应符合《输送流体用无缝钢管》（GB/T 8163—2018）、《高压锅炉用无缝钢管》（GB 5310—2017）等的有关规定。无缝钢管内外壁应采用热浸镀锌等防腐措施。镀层应均匀、平滑，其厚度不宜小于 15μm。气体灭火系统灭火剂输送管道规格见表 2-15。

表 2-15   气体灭火系统灭火剂输送管道规格

公称直径 DN	灭火剂输送管道规格			外径 × 壁厚（mm×mm）			
	七氟丙烷　三氟甲烷			IG-541 IG-100	高、低压 CO₂ 封闭增管道	高压 CO₂ 开口增管道	低压 CO₂ 开口增管道
	2.5MPa	4.2MPa	5.6MPa				
15	22×3		22×4	22×4			22×3
20	27×3.5		27×4	27×4			27×3
25	34×4.5		34×4.5	34×4.5			34×3.5
32	42×4.5		42×5	42×5			42×3.5
40	48×4.5		48×5	48×5			48×3.5
50	60×5		60×5.5	60×5.5			60×4
65	76×5		76×7	76×7			76×5
80	89×5	89×5.5	89×7.5	89×7.5			89×5.5
90	—	—	—	102×8			102×6
100	114×5.5	114×6	114×8.5	114×8.5			114×6
125	—	140×6	140×9.5	140×9.5			140×6.5
150	—	168×7	168×11	168×11			168×7
200	—	—	—	219×12			—

（3）应对措施。

1）气体灭火系统设计与施工选用的无缝钢管规格及壁厚，建议根据系统类别，参照图集《气体消防系统选用、安装与建筑灭火器配置》（07S207）中气体灭火系统灭火剂输送管道规格表进行选型，选用 20 号内外壁热浸镀锌无缝钢管，镀锌层厚度不小于 15μm。

2）气体灭火系统选用的管道及连接件公称工作压力等级，应根据《气体灭火系统施工及验收规范》（GB 50263—2007）中第 E.1.1 条和表 2-16 规定的系统最大工作压力来确定。

表 2-16 系统储存压力、最大工作压力

系统类别	最大充装密度（kg/m³）	储存压力（MPa）	最大工作压力（MPa）（50℃时）
混合气体（IG-541）灭火系统	—	15.0	17.2
	—	20.0	23.2
卤代烷 1301 灭火系统	1125	2.50	3.93
		4.20	5.80
七氟丙烷灭火系统	1150	2.5	4.2
	1120	4.2	6.7
	1000	5.6	7.2

3）气体灭火系统管件可参照《锻制承插焊和螺纹管件》（GB/T 14383—2021）和《钢制对焊管件 类型与参数》（GB/T 12459—2005）进行选型；公称直径大于 80mm 的弯头、三通、变径等管件，可选用钢制对焊无缝管件与法兰进行焊接，焊缝探伤检测合格后（最大工作压力大于或等于 10MPa 时需要）经热浸镀锌防腐处理，方可使用。

4）气体灭火系统法兰可参照《钢制管法兰》[GB/T 9115（所有部分）]进行选型，压力等级不低于系统最大工作压力。法兰密封垫可参照《管法兰用缠绕式垫片 第 2 部分：Class 系列》（GB 4622.2—2022）和《钢制管法兰用金属环垫 尺寸》（GB/T 9128—2003），选择耐压等级较高的带内环形缠绕式垫片或金属环垫等。法兰紧固件建议参照《等长双头螺柱 B 级》（GB/T 901—1988）选用机械性能 8.8 级以上高强度双头螺柱，参照《2 型六角螺母》（GB/T 6175—2016）选用机械性能 10 级以上高强度六角螺母。

（4）图示说明。气体灭火系统管材、管道连接件选型示意图见图 2-43。

（a）

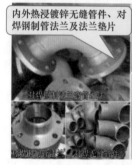

（b）

图 2-43 气体灭火系统管材、管道连接件选型示意图

（a）错误做法；（b）正确做法

2.5.12 气体灭火系统管网安装不符合要求

（1）问题概述。

1）内外热浸镀锌无缝钢管采用焊接方式连接，造成管道、管件内部镀锌

层破坏，无法进行二次防腐处理。

2）安装在有爆炸危险和变电、配电场所的管网，未采取防静电措施。

3）螺纹连接管道安装后的螺纹根部外露螺纹过长，不符合要求。

4）法兰螺栓不符合标准要求，凸出螺母的长度偏长。

5）管道穿过墙壁、楼板处套管规格偏小，穿楼板套管长度未高出地板50mm。

6）管道穿越建筑物的变形缝时设置的柔性管段压力等级不符合要求。

7）管道支、吊架安装不符合要求。

（2）规范要求。

1）《气体灭火系统设计规范》（GB 50370—2005）有关规定：

a. 管道及管道附件应符合下列规定：

管道的连接，当公称直径小于或等于 80mm 时，宜采用螺纹连接；大于80mm 时，宜采用法兰连接。钢制管道附件应内外防腐处理，防腐处理宜采用符合环保要求的方式。使用在腐蚀性较大的环境里，应采用不锈钢的管道附件。

b. 经过有爆炸危险和变电、配电场所的管网，以及布设在以上场所的金属箱体等，应设防静电接地。

2）《气体灭火系统施工及验收规范》（GB 50263—2007）有关规定：

a. 灭火剂输送管道连接应符合下列规定：

（a）采用螺纹连接时，管材宜采用机械切割；螺纹不得有缺纹、断纹等现象；螺纹连接的密封材料应均匀附着在管道的螺纹部分，拧紧螺纹时，不得将填料挤入管道内；安装后的螺纹根部应有 2～3 条外露螺纹；连接后，应将连接处外部清理干净并做好防腐处理。

（b）采用法兰连接时，衬垫不得凸入管内，其外边缘宜接近螺栓，不得放双垫或偏垫。连接法兰的螺栓，直径和长度应符合标准，拧紧后，凸出螺母的长度不应大于螺杆直径的 1/2 且保证有不少于 2 条外露螺纹。

（c）已经防腐处理的无缝钢管不宜采用焊接连接，与选择阀等个别连接部位需采用法兰焊接连接时，应对被焊接损坏的防腐层进行二次防腐处理。

b. 管道穿过墙壁、楼板处应安装套管。套管公称直径比管道公称直径至少应大 2 级，穿墙套管长度应与墙厚相等，穿楼板套管长度应高出地板 50mm。

管道与套管间的空隙应采用防火封堵材料填塞密实。当管道穿越建筑物的变形缝时，应设置柔性管段。

c. 管道支、吊架的安装应符合下列规定：

（a）管道应固定牢靠，管道支、吊架的最大间距应符合表 2-17 的规定。

表 2-17　　　　　　　　　　　支、吊架之间最大间距

DN (mm)	15	20	25	32	40	50	65	80	100	150
最大间距 (m)	1.5	1.8	2.1	2.4	2.7	3.0	3.4	3.7	4.3	5.2

（b）管道末端应采用防晃支架固定，支架与末端喷嘴间的距离不应大于 500mm。

（c）公称直径大于或等于 50mm 的主干管道，垂直方向和水平方向至少应各安装 1 个防晃支架，当穿过建筑物楼层时，每层应设 1 个防晃支架。当水平管道改变方向时，应增设防晃支架。

（3）图示说明。气体灭火系统管网安装示意图见图 2-44。

内外热浸镀锌无缝钢管采用焊接方式连接

螺纹根部外露的螺纹太长

螺栓规格型号不对，凸出螺母的长度偏长

管道末端未采用防晃支架固定

管道垂直方向、水平方向均缺少防晃支架

水平管道改变方向处，未增设防晃支架

（a）

图 2-44　气体灭火系统管网安装示意图（一）

（a）错误做法

（b）

图 2-44　气体灭火系统管网安装示意图（二）

（b）正确做法

2.5.13　气体灭火系统安全设施不符合要求

（1）问题概述。

1）气体防护区内的疏散通道及出口，未设置应急照明与疏散指示标志。

2）储瓶间内未设置应急照明。

3）防护区门口未设置气体灭火系统名称的永久性标志牌。

4）气体灭火控制器、手动启动/停止按钮、手动与自动控制转换装置等可执行手动控制操作的部位，未设置防止误操作的安全警示标志。

5）热气溶胶灭火系统装置与其他物品的距离太近，不符合要求。

6）灭火系统调试合格正式开通后，驱动气瓶电磁阀熔断器销未拆除，将导致灭火系统无法正常启动。

7）气体灭火系统设置场所，未配置空气呼吸器。

8）气体灭火控制器或壁挂消防电源装置等设备未进行保护接地。

（2）规范要求。

1）《气体灭火系统设计规范》（GB 50370—2005）有关规定：

a. 防护区内的疏散通道及出口，应设应急照明与疏散指示标志。防护区内应设火灾声报警器，必要时，可增设闪光报警器。防护区的入口处应设火灾声、光报警器和灭火剂喷放指示灯，以及防护区采用的相应气体灭火系统的永久性标志牌。

b. 储瓶间的门应向外开启，储瓶间内应设应急照明；储瓶间应有良好的通风条件，地下储瓶间应设机械排风装置，排风口应设在下部，可通过排风管排出室外。

c. 灭火系统的手动控制与应急操作应有防止误操作的警示显示与措施。

d. 热气溶胶灭火系统装置的喷口前 1.0m 内，装置的背面、侧面、顶部 0.2m 内不应设置或存放设备、器具等。

e. 设有气体灭火系统的场所，宜配置空气呼吸器。

2）《气体灭火系统施工及验收规范》（GB 50263—2007）有关规定：

a. 防护区下列安全设施的设置应符合设计要求。

（a）防护区的疏散通道、疏散指示标志和应急照明装置。

（b）防护区内和入口处的声光报警装置、气体喷放指示灯、入口处的安全标志。

（c）专用的空气呼吸器或氧气呼吸器。

b. 储存装置间的位置、通道、耐火等级、应急照明装置、火灾报警控制装置及地下储存装置间机械排风装置应符合设计要求。

3）《火灾自动报警系统施工及验收标准》（GB 50166—2019）有关规定：

a. 控制与显示类设备的接地应牢固，并应设置明显的永久性标识。

b. 手动火灾报警按钮、消火栓按钮、防火卷帘手动控制装置、气体灭火系统手动与自动控制转换装置、气体灭火系统现场启动和停止按钮的安装，应符合下列规定：

（a）手动火灾报警按钮、防火卷帘手动控制装置、气体灭火系统手动与自动控制转换装置、气体灭火系统现场启动和停止按钮应设置在明显和便于操作的部位，其底边距地（楼）面的高度宜为 1.3～1.5m，且应设置明显的永久性标识，消火栓按钮应设置在消火栓箱内，疏散通道设置的防火卷帘两侧均应设置手动控制装置。

（b）系统接地及专用接地线的安装应满足设计要求。

（c）交流供电和 36V 以上直流供电的消防用电设备的金属外壳应有接地

保护，其接地线应与电气保护接地干线（PE）相连接。

（3）图示说明。气体灭火系统安全设施示意图见图 2-45。

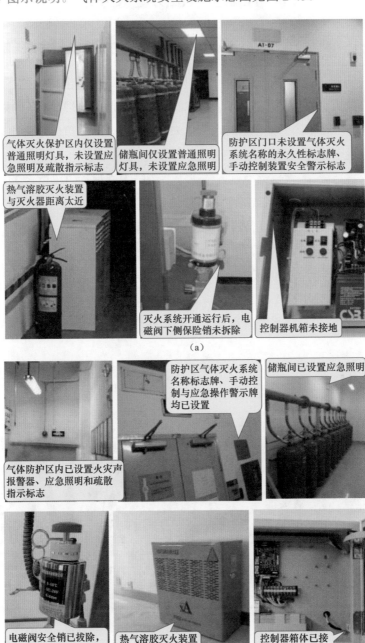

（a）

（b）

图 2-45　气体灭火系统安全设施示意图

（a）错误做法；（b）正确做法

2.6 压缩空气消防炮灭火系统

2.6.1 压缩空气泡沫消防炮灭火系统主管组件涂色不符合相关规程要求

（1）问题概述。压缩空气泡沫消防炮灭火系统主管组件涂色不符合《压缩空气泡沫灭火系统技术规程》（T/CECS 748—2020）第3.1.1条的规定要求。如：消防稳压泵未涂为红色；给水管道未涂为深绿色；供气管道未涂为深蓝色；泡沫液管道未涂为深黄色。

（2）规范要求。《压缩空气泡沫灭火系统技术规程》（T/CECS 748—2020）有关压缩空气泡沫灭火系统的主要组件宜按下列规定涂色：

1）消防水泵、泡沫混合液管道、泡沫管道涂 R03 红色。

2）给水管道涂 G05 深绿色。

3）供气管道涂 PB01 深蓝色。

4）泡沫液管道涂 Y08 深黄色。

5）当管道较多，系统管道与工艺管道涂色有矛盾时，可涂相应的色带或色环。

（3）图示说明。压缩空气泡沫消防炮灭火系统主管组件涂色示意图见图 2-46。

（a）　　　　　　　　　　　　　　　（b）

图 2-46　压缩空气泡沫消防炮灭火系统主管组件涂色示意图

（a）错误做法；（b）正确做法

2.6.2　泡沫消防炮灭火系统应建立完善的供水系统，水质符合要求

（1）问题概述。压缩空气泡沫灭火系统未建立供水、补水系统；采用含油品等可燃物的水时，其泡沫的灭火性能会受到影响；使用含破乳剂等添加剂的水，对泡沫倍数和泡沫稳定性有影响。

（2）规范要求。《压缩空气泡沫灭火系统技术规程》（T/CECS 748—2020）有关压缩空气泡沫灭火系统的供水应符合下列规定：

1）水源的水质应与泡沫液的要求相适宜，且水源的水温宜为 4～35℃。

2）配制泡沫混合液的用水不得含有影响泡沫性能的物质。

3）供水方式可采用消防管网直接供水或设置缓冲水箱供水。

（3）图示说明。泡沫消防炮灭火系统供水系统示意图见图 2-47。

（a）　　　　　　　　　　　　　　　　（b）

图 2-47　泡沫消防炮灭火系统供水系统示意图

（a）错误做法；（b）正确做法

2.6.3　压缩空气泡沫产生装置、控制装置及远程控制柜等的使用环境应符合要求

（1）问题概述。压缩空气泡沫产生装置暴露在室外，受到恶劣天气、低温、高温天气影响，性能及寿命下降。

（2）规范要求。《压缩空气泡沫灭火系统技术规程》（T/CECS 748—2020）有关压缩空气泡沫产生装置、控制装置及远程控制柜等的使用环境应符合下列规定：

1）应放置于不受恶劣天气、机械、化学或其他损坏条件影响的位置。

2）应满足产品正常工作的环境温度和相对湿度要求。

（3）图示说明。沫产生装置、控制装置及远程控制柜使用环境示意图见图 2-48。

（a）　　　　　　　　　　　　　　　（b）

图 2-48　沫产生装置、控制装置及远程控制柜使用环境示意图
（a）错误做法；（b）正确做法

2.6.4　压缩空气泡沫产生装置的泡沫混合液流量工作范围应满足灭火系统设计目标要求

（1）问题概述。压缩空气泡沫产生装置的泡沫混合液流量工作范围低于灭火系统设计流量范围，导致灭火性能降低；泡沫液管道上未设冲洗及放空设施；与泡沫液或泡沫混合液长期接触的部件未采用不锈钢耐腐蚀材质；进气管道和进泡沫液管道上未设置止回阀。

（2）规范要求。《压缩空气泡沫灭火系统技术规程》（T/CECS 748—2020）有关压缩空气泡沫产生装置应符合下列规定：

1）装置的泡沫混合液流量工作范围不应低于灭火系统设计流量范围。

2）装置的泡沫混合比类型应与所选用的泡沫液一致，且在规定的泡沫混合液流量工作范围内混合比不应超出允许值范围。

3）在规定的泡沫混合液流量工作范围内，装置的气液比不应超出允许值范围。

4）装置的工作压力应在标定的工作压力范围内。

5）供水管道、供泡沫液管道应设置管道过滤器。

6）泡沫液管道上应设冲洗及放空设施。

7）与泡沫液或泡沫混合液长期接触的部件应采用耐腐蚀材质制作。

8）进气管道和进泡沫液管道上应设置止回阀。

9）压力容器应符合《压力容器（合订本）》（GB 150—2011）的有关规定，其公称工作压力不应小于最高环境温度下所承受的工作压力。

10）压力容器及集流管应设置压力监测装置和安全泄压装置。

2.6.5　压缩空气泡沫灭火系统阀门和管道的选择和设置满足要求，寒冷地区应采取防冻措施

（1）问题概述。阀门没有明显启闭标志，一旦失火，容易发生误操作；对于口径较大的阀门，若采取手动阀门，一个人手动开启或关闭较困难，可能导致消防泵不能迅速正常启动，甚至过负荷损坏。寒冷地区未采取防冻措施，导致其在温度较低时冻结，影响系统使用。

（2）规范要求。

1）《压缩空气泡沫灭火系统技术规程》（T/CECS 748—2020）有关阀门和管道的选择和设置应符合下列规定：

a. 系统中所用的阀门应有明显的启闭标志。

b. 当泡沫消防水泵或泡沫混合液泵出口管径大于 DN 300 时，宜采用电动、液动和气动阀门，且应具有手动开启机构。

c. 泡沫液、泡沫混合液和压缩空气泡沫的管道应采用不锈钢管或内、外壁进行防腐处理的钢管。

d. 在严寒或寒冷季节有冰冻的地区，系统的湿式管道应采取防冻措施。

2）《固定消防炮灭火系统设计规范》（GB 50338—2003）有关规定：

常开或常闭的阀门应设锁定装置，控制阀和需要启闭的阀门应设启闭指示器。参与远控炮系统联动控制的控制阀，其启闭信号应传至系统控制室。

（3）图示说明。灭火系统阀门和管道的选择和设置示意图见图 2-49。

（a）   （b）

图 2-49 灭火系统阀门和管道的选择和设置示意图

（a）错误做法；（b）正确做法

2.6.6　泡沫消防炮灭火系统控制装置具有自动、手动启停功能以及自动、手动相互切换功能，且具有接收消防报警的功能

（1）问题概述。

1）泡沫消防炮灭火系统控制装置只具备自动或手动单一控制方式，或自动、手动相互切换功能，导致单一控制方式故障时系统不能及时启动。

2）监控后台工作站存在告警未及时处理，影响泡沫消防炮灭火系统正常使用：①主机 A 装置、B 装置电源异常告警；②主机 A 备用电源、B 备用电源异常失电告警；③A 套和 B 套交换机异常告警；④泡沫消防炮灭火监控系统出现换流变压器视频丢失缺陷（无网络视频）。

（2）规范要求。《压缩空气泡沫灭火系统技术规程》（T/CECS 748—2020）有关控制装置应符合下列规定：

1）应具有自动、手动启停功能以及自动、手动相互切换功能，且具有接收消防报警的功能。

2）应具有自动巡检功能。

3）在工作消防泵组、泡沫泵组及供气装置发生故障停机时，应具有自动投入运行备用消防泵组、泡沫泵组及供气装置的功能。

4）现场控制柜和远程控制柜应显示消防水（箱）和泡沫液罐的液位，具有低液位报警功能。

5）现场控制柜和远程控制柜应显示泡沫混合液流量、压力、气液比及混合比。

6）采用高压气瓶作为供气装置的灭火系统，控制装置应具有低气压报警功能。

（3）图示说明。泡沫消防炮灭火系统控制装置示意图见图2-50。

（a）

（b）

图2-50　泡沫消防炮灭火系统控制装置示意图
（a）错误做法；（b）正确做法

2.6.7　泡沫灭火剂宜储存在通风干燥的房间或敞篷内

（1）问题概述。泡沫液储存在高温潮湿的环境中，会加速其老化变质。储存温度过低，泡沫液的流动性会受到影响。当泡沫混合液温度较低或过高时，发泡倍数会受到影响，析液时间会缩短，泡沫灭火性能会降低。泡沫液的储存温度通常为0～40℃。泡沫灭火剂存放于其他设备室，未存放在专用库房内，不便于安全取用。

（2）规范要求。《压缩空气泡沫灭火系统技术规程》（T/CECS 748—2020）

有关规定：

泡沫灭火剂宜储存在通风干燥的房间或敞棚内，储存的环境温度应符合泡沫灭火剂使用温度要求。

（3）图示说明。泡沫灭火剂宜储存示意图见图 2-51。

（a）　　　　　　　　　　　　　　　（b）

图 2-51　泡沫灭火剂宜储存示意图

（a）错误做法；（b）正确做法

2.6.8　压缩空气泡沫炮系统消防炮、压缩空气泡沫装置选型技术参数符合规定要求，压缩空气泡沫炮周围无影响泡沫喷射的障碍物

（1）问题概述。

1）单台压缩空气泡沫炮的泡沫混合液流量低于 8L/s，影响其抗风和穿透火羽流能力，导致压缩空气泡沫炮灭火性能下降；泡沫连续供给时间小于 60min 影响压缩空气泡沫炮灭火效果；压缩空气泡沫炮工作压力过高，从炮口喷射释放后会因泡沫压力变化过大而破碎，影响泡沫性能和射程。

2）换流变压器噪声治理在其顶部布置 150mm 厚消防模块和支撑金属支架，对喷射泡沫液形成障碍，阻挡了喷射泡沫液的使用，若换流变压器发生火灾，需顶部消防模块和支撑构件在高温熔化后，泡沫消防炮灭火系统喷射泡沫液对着火部位进行冷却和灭火，满足不了换流变压器初期火灾灭火和冷却。

（2）规范要求。《压缩空气泡沫灭火系统技术规程》（T/CECS 748—2020）有关规定：

当特高压换流变压器、交通隧道、汽车库等场所采用压缩空气泡沫炮系统时，其设计应符合下列规定：

1）压缩空气泡沫炮的设计射程应符合其布置要求；室内布置的泡沫炮的射程应按产品射程的指标值计算，室外布置的泡沫炮的射程应按产品射程指标值的 70% 计算。

2）压缩空气泡沫炮的布置数量不应少于 2 门，应能使压缩空气泡沫炮的射流完全覆盖被保护场所及被保护物，且应满足灭火强度及冷却强度的要求。

3）单台压缩空气泡沫炮的泡沫混合液流量不应低于 8L/s，泡沫连续供给时间不应小于 60min。

4）压缩空气泡沫炮周围不应有影响泡沫喷射的障碍物。

5）自系统启动至炮口喷射泡沫的时间不应大于 5min。

6）压缩空气泡沫炮系统除应符合该文件外，尚应符合《固定消防炮灭火系统设计规范》（GB 50338—2003）、《泡沫灭火系统技术标准》（GB 50151—2021）的有关规定。

（3）图示说明。消防炮、压缩空气泡沫装置选型示意图见图 2-52。

（a）　　　　　　　　　　　　　（b）

图 2-52　消防炮、压缩空气泡沫装置选型示意图

（a）错误做法；（b）正确做法

2.6.9　泡沫液、泡沫混合液和气体管道上应设置流量计和压力表

（1）问题概述。泡沫液、泡沫混合液和气体管道上未设置流量计和压力表，或者未预留流量和压力检测仪器的安装位置，压缩空气泡沫产生装置的泡沫出口管道上未设置试验接口，不方便对系统进行测试和维护。

（2）规范要求。《压缩空气泡沫灭火系统技术规程》（T/CECS 748—2020）有关压缩空气泡沫灭火系统管道上试验接口的设置应符合下列规定：

1）在泡沫液、泡沫混合液和气体管道上应设置流量计和压力表，或者预留流量和压力检测仪器的安装位置。

2）在压缩空气泡沫产生装置的泡沫出口管道上应设置试验接口，其口径应分别满足系统最大流量与最小流量的要求。

3）在最不利和最有利水力条件处的压缩空气泡沫管道上应设置冷喷试验接口。

（3）图示说明。流量计和压力表选型示意图见图 2-53。

（a）　　　　　　　　　　　　　　　　　（b）

图 2-53　流量计和压力表选型示意图
（a）错误做法；（b）正确做法

2.6.10　压缩空气泡沫灭火系统设置后台工作站和就地控制柜，带有故障报警与监视装置

（1）问题概述。压缩空气泡沫灭火系统未设置故障报警与监视装置，导致装置故障后不能及时发现并处理。

（2）规范要求。《压缩空气泡沫灭火系统技术规程》（T/CECS 748—2020）有关规定：

压缩空气泡沫灭火系统应设置故障报警与监视装置，且应在控制装置上显示并发出声光警报。

（3）图示说明。工作站和就地控制柜设置示意图见图 2-54。

图 2-54 工作站和就地控制柜设置示意图（正确做法）

2.6.11 压缩空气泡沫炮系统从启动至炮口喷射压缩空气泡沫的时间不应大于 3min

（1）问题概述。压缩空气泡沫炮系统从启动至炮口喷射压缩空气泡沫的时间大于 3min，影响灭火进度。

（2）规范要求。《特高压站消防设计规范》有关规定：

压缩空气泡沫炮系统从启动至炮口喷射压缩空气泡沫的时间不应大于 3min。

2.6.12 室外消防炮的布置应能使消防炮的射流完全覆盖被保护场所及被保护物，且应满足灭火强度及冷却强度的要求

（1）问题概述。消防炮的射流未能完全覆盖变压器本体（含散热器）、储油柜、集油坑及绝缘套管升高座孔口处，留有死角，影响灭火效果。

（2）规范要求。

1）《固定消防炮灭火系统设计规范》（GB 50338—2003）有关规定：

a. 室外消防炮的布置应能使消防炮的射流完全覆盖被保护场所及被保护物，且应满足灭火强度及冷却强度的要求。

b. 消防炮应设置在被保护场所常年主导风向的上风方向。

c. 当灭火对象高度较高、面积较大时，或在消防炮的射流受到较高大障

碍物的阻挡时，应设置消防炮塔。

2）《特高压站消防设计规范》有关规定：

固定式压缩空气泡沫灭火系统保护区域包括变压器本体（含散热器）、储油柜、集油坑及绝缘套管升高座孔口处，保护面积应按储油柜及集油坑（含变压器基础）的平面投影面积之和计算。

2.6.13 泡沫液进场时应由建设单位、监理工程师和供货方现场组织检查，并共同取样留存

（1）问题概述。泡沫液进场时未组织建设单位、监理工程师和供货方现场检查，或未取样留存。

（2）规范要求。《固定消防炮灭火系统施工与验收规范》（GB 50498—2009）有关规定：

泡沫液进场时应由建设单位、监理工程师和供货方现场组织检查，并共同取样留存，留存数量按全项检测需要量。泡沫液质量应符合国家现行有关产品标准。

1）检查数量：全数检查。

2）检查方法：观察检查和检查市场准入制度要求的有效证明文件及产品出厂合格证。

2.6.14 设在室外的泡沫液罐的安装应符合设计要求，并应根据环境条件采取防晒、防冻和防腐等措施

（1）问题概述。泡沫液压力储罐露天安装在保护对象外，未采取防晒、防冻和防腐等措施，受环境、温度和气候的影响。温度过低，妨碍泡沫液的流动，温度过高各种泡沫液的发泡倍数均下降，析液时间短，灭火性能降低。

（2）规范要求。《固定消防炮灭火系统施工与验收规范》（GB 50498—2009）有关规定：

设在室外的泡沫液罐的安装应符合设计要求，并应根据环境条件采取防晒、防冻和防腐等措施。

2.6.15 固定式中倍数或高倍数泡沫灭火系统应选用 3% 型泡沫液

（1）问题概述。固定式中倍数或高倍数泡沫灭火系统未选用 3% 型泡沫

液，达不到理想灭火效果。

（2）规范要求。《泡沫灭火系统技术标准》（GB 50151—2021）有关规定：

1）非水溶性甲、乙、丙类液体储罐固定式低倍数泡沫灭火系统泡沫液的选择应符合下列规定：

a．应选用 3% 型氟蛋白或水成膜泡沫液。

b．邻近生态保护红线、饮用水源地、永久基本农田等环境敏感地区，应选用不含强酸强碱盐的 3% 型氟蛋白泡沫液。

c．当选用水成膜泡沫液时，泡沫液的抗烧水平不应低于 C 级。

2）保护非水溶性液体的泡沫-水喷淋系统、泡沫枪系统、泡沫炮系统泡沫液的选择应符合下列规定：

a．当采用吸气型泡沫产生装置时，可选用 3% 型氟蛋白、水成膜泡沫液。

b．当采用非吸气型喷射装置时，应选用 3% 型水成膜泡沫液。

3）固定式中倍数或高倍数泡沫灭火系统应选用 3% 型泡沫液。

（3）图示说明。泡沫灭火系统泡沫液选用示意图见图 2-55。

（a）　　　　　　　　　　　　　　（b）

图 2-55　泡沫灭火系统泡沫液选用示意图

（a）错误做法；（b）正确做法

2.6.16　室外配置的泡沫炮其额定流量不宜小于 48L/s

（1）问题概述。室外配置的泡沫炮其额定流量小于 48L/s，达不到理想灭火效果。

（2）规范要求。《固定消防炮灭火系统设计规范》（GB 50338—2003）有关规定：

室外配置的泡沫炮其额定流量不宜小于48L/s。

2.6.17 特高压换流站未落实消防灭火物资保障，泡沫原液储存不少于30t

（1）问题概述。特高压换流站未落实消防灭火物资保障，泡沫原液储存未达 30t。

（2）规范要求。应符合《国网设备部关于进一步落实特高压变电站（换流站）消防应急能力提升措施的紧急通知》（设备监控〔2021〕83号）的有关规定。

2.6.18 泡沫液储罐的明显位置上应设置清晰永久性标志牌，标示内容应符合相应规范

（1）问题概述。泡沫液储罐未设置标示牌，或标示牌内容不全。

（2）规范要求。《特高压换流站固定式压缩空气泡沫灭火系统应用技术规范 第2部分：施工规范》有关规定：

在泡沫液储罐的明显位置上应设置清晰永久性标志牌，至少应标示产品名称、工作压力、容积、泡沫液类型、出厂日期、生产厂家名称或商标等。

（3）图示说明。泡沫液储罐标志牌设置示意图见图 2-56。

（a）   （b）

图 2-56　泡沫液储罐标志牌设置示意图

（a）错误做法；（b）正确做法

2.6.19　固定式压缩空气泡沫灭火系统中与压缩空气泡沫液直接接触的管道、阀门等部件应采用耐腐蚀材料

（1）问题概述。与压缩空气泡沫液直接接触的管道、阀门等部件未采用耐腐蚀材料或进行耐腐蚀处理。

（2）规范要求。《特高压换流站固定式压缩空气泡沫灭火系统通用技术条件》有关规定：

与泡沫液或泡沫混合液直接接触的零部件应采用铜合金或耐腐蚀性能相类似的等同材料制造。

（3）图示说明。管道、阀门等部件选型示意图见图 2-57。

（a）　　　　　　　　　　　　　　　　　（b）

图 2-57　管道、阀门等部件选型示意图

（a）错误做法；（b）正确做法

2.6.20　固定式压缩空气泡沫灭火系统中分区选择阀、单向阀、管路应标示介质流动方向

（1）问题概述。分区选择阀、单向阀、管路未标示介质流动方向。

（2）规范要求。《特高压换流站固定式压缩空气泡沫灭火系统通用技术条件》有关规定：

系统每个操作部位均应以文字，图形或符号标明操作方法，分区选择阀、单向阀、管路应标示介质流动方向。

（3）图示说明。选择阀、单向阀、管路应标示介质流动方向示意图见图 2-58。

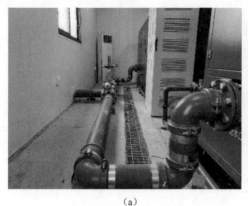

（a）   （b）

图 2-58　选择阀、单向阀、管路应标示介质流动方向示意图
（a）错误做法；（b）正确做法

2.6.21　固定式压缩空气泡沫灭火系统应设置有铭牌并注明相关参数

（1）问题概述。固定式压缩空气泡沫灭火系统应未设置有铭牌，或者铭牌标注内容不全。

（2）规范要求。《特高压换流站固定式压缩空气泡沫灭火系统通用技术条件》有关规定：

铭牌应牢固地设置在系统明显部位，注明产品名称、型号规格、压缩空气泡沫额定流量、执行标准代号、灭火剂存储容量、灭火剂类别、灭火剂使用有效期、使用温度范围、系统总功率，生产单位或商标、产品编号、出厂日期等内容。

2.6.22　固定式压缩空气泡沫产生装置应在明显位置配置简易原理图，结合原图以箭头标示水、泡沫液、泡沫混合液、空气流动方向

（1）问题概述。固定式压缩空气泡沫产生装置未在明显位置配置简易原理图，未以箭头标示水、泡沫液、泡沫混合液、空气流动方向等。

（2）规范要求。《特高压换流站固定式压缩空气泡沫灭火系统通用技术条件》有关规定：

固定式压缩空气泡沫产生装置应在明显位置配置简易原理图，结合原图以箭头标示水、泡沫液、泡沫混合液、空气流动方向等。

（3）图示说明。空气泡沫灭火系统铭牌示意图见图 2-59。

（a）　　　　　　　　　　　　　　　　　（b）

图 2-59　空气泡沫灭火系统铭牌示意图
（a）错误做法；（b）正确做法

2.6.23　固定式压缩空气泡沫灭火系统应能保证持续喷射时间不应低于 60min

（1）问题概述。固定式压缩空气泡沫灭火系统持续喷射时间低于 60min。

（2）规范要求。《特高压换流站固定式压缩空气泡沫灭火系统通用技术条件》有关规定：

固定式压缩空气泡沫灭火系统正常工作时连续工作时间不小于 60min。

2.7　自喷水灭火系统

2.7.1　喷头安装后被污损，不符合要求

（1）问题概述。喷头本体或感温元件在装修过程中被涂料污损，影响喷头动作性能。

（2）规范要求。《自动喷水灭火系统施工及验收规范》（GB 50261—2017）有关规定：

喷头安装时，不应对喷头进行拆装、改动，并严禁给喷头、隐蔽式喷头的装饰盖板附加任何装饰性涂层。

（3）图示说明。喷头安装示意图见图 2-60。

（a）　　　　　　　　　（b）

图 2-60　喷头安装示意图

（a）错误做法；（b）正确做法

2.7.2　风管下喷淋安装不符合要求

（1）问题概述。

1）宽度大于 1.2m 的风管下方未设置喷头。

2）采用早期抑制快速响应喷头和特殊应用喷头的场所，宽度大于 0.6m 的风管下方未设置喷头保护。

3）风管下喷淋支管未设置吊架，导致喷头和支管发生变形和偏移。

（2）规范要求。

1）《自动喷水灭火系统设计规范》（GB 50084—2017）有关规定：

当梁、通风管道、成排布置的管道、桥架等障碍物的宽度大于 1.2m 时，其下方应增设喷头体被覆盖装饰涂料，释放机构被黏连，影响喷头动作开启隐蔽式喷头装饰盖板未被涂刷装饰涂料喷头玻璃球被涂料覆盖，影响喷头动作响应时间顶棚装饰粉刷时，喷头成品保护措施到位，喷头未被污损 99 喷头；采用早期抑制快速响应喷头和特殊应用喷头的场所，当障碍物宽度大于 0.6m 时，其下方应增设喷头。

2）《自动喷水灭火系统施工及验收规范》（GB 50261—2017）有关规定：

管道支架、吊架的安装位置不应妨碍喷头的喷水效果；管道支架、吊架与喷头之间的距离不宜小于 300mm；与末端喷头之间的距离不宜大于 750mm。

（3）图示说明。风管下喷淋安装示意图见图 2-61。

图 2-61 风管下喷淋安装示意图
（a）错误做法；（b）正确做法

2.7.3 格栅吊顶部位喷头安装不符合要求

（1）问题概述。

1）当镂空面积超过 70% 时，在格栅吊顶下方设置喷头。

2）当镂空面积小于 70% 的，仅在格栅吊顶上方设置喷头。

（2）规范要求。《自动喷水灭火系统设计规范》（GB 50084—2017）有关

规定：

装设网格、栅板类通透性吊顶的场所，当通透面积占吊顶总面积的比例

大于 70% 时，喷头应设置在吊顶上方，并符合下列规定：①通透性吊顶开口部位的净宽度不应小于 10mm，且开口部位的厚度不应大于开口的最小宽度；②喷头间距及溅水盘与吊顶上表面的距离应符合表 2-18 的规定。

表 2-18   通透性吊顶场所喷头布置要求

火灾危险等级	喷头间距 S（m）	喷头溅水盘与吊顶上表面的最小距离（mm）
轻危险级，中危险级 I 级	$S \leq 3.0$	450
	$3.0 \leq S \leq 3.6$	600
	$S > 3.6$	900
中危险级 II 级	$S \leq 3.0$	600
	$S > 3.0$	900

（3）图示说明。格栅吊顶部位喷头安装示意图见图 2-62。

在镂空面积超过70%，且通透性吊顶开口部位净宽度和厚度均符合要求的条件下，未将喷头设置在吊顶上方

当镂空面积小于70%时，仅在格栅吊顶上方设置喷头

（a）

镂空面积超过70%，且通透性吊顶开口部位净宽度和厚度均符合要求，喷头设置在吊顶上方

当镂空面积小于70%时，在格栅吊顶上方和下方均设置喷头

（b）

图 2-62   格栅吊顶部位喷头安装示意图
（a）错误做法；（b）正确做法

2.7.4　喷头布置不符合规范要求

（1）问题概述。

1）喷头布置未考虑梁等障碍物的影响，导致布水不均匀或存在盲区。

2）喷头溅水盘与梁、顶板或通风管道底面的垂直距离不符合规范要求。

3）喷头与被保护对象的水平距离，或喷头溅水盘与保护对象的最小垂直距离不符合要求。

（2）规范要求。《自动喷水灭火系统设计规范》（GB 50084—2017）有关规定：

1）除吊顶型洒水喷头及吊顶下设置的洒水喷头外，直立型、下垂型标准覆盖面积洒水喷头和扩大覆盖面积洒水喷头溅水盘与顶板的距离应为 75 ～ 150mm，并应符合下列规定：

a. 当在梁或其他障碍物底面下方的平面上布置洒水喷头时，溅水盘与顶板的距离不应大于 300mm，同时溅水盘与梁等障碍物底面的垂直距离应为 25 ～ 100mm。

b. 当在梁间布置洒水喷头时，洒水喷头与梁的距离应符合该文件第 7.2.1 条的规定。确有困难时，溅水盘与顶板的距离不应大于 550mm。梁间布置的洒水喷头，溅水盘与顶板距离达到 550mm 仍不能符合该文件第 7.2.1 条的规定时，应在梁底面的下方增设洒水喷头。

c. 密肋梁板下方的洒水喷头，溅水盘与密肋梁板底面的垂直距离应为 25 ～ 100mm。

d. 无吊顶的梁间洒水喷头布置可采用不等距方式，但喷水强度仍应符合该文件中表 5.0.1、表 5.0.2 和表 5.0.4-1 ～表 5.0.4-5 的要求。

2）除吊顶型洒水喷头及吊顶下设置的洒水喷头外，直立型、下垂型早期抑制快速响应喷大型商业中心吊顶下设置隐蔽式喷头超级市场吊顶区域设置隐蔽式喷头商业综合体营业区吊顶下设置下垂型喷头，符合要求办公场所吊顶区域设置隐蔽式喷头，符合要求 105 头、特殊应用喷头和家用喷头溅水盘与顶板的距离应符合表 2-19 的规定。

3）图书馆、档案馆、商场、仓库中的通道上方宜设有喷头。喷头与被保护对象的水平距离不应小于 0.30m，喷头溅水盘与保护对象的最小垂直距离不应小于表 2-20 的规定。

表 2-19　　　　　喷头溅水盘与顶板的距离（mm）

喷头类型		喷头溅水盘与顶板的距离 S_L
早期抑制快速响应喷头	直立型	$100 \leqslant S_L \leqslant 150$
	下垂型	$150 \leqslant S_L \leqslant 360$
特殊应用喷头		$150 \leqslant S_L \leqslant 200$
家用喷头		$25 \leqslant S_L \leqslant 100$

表 2-20　　　喷头溅水盘与保护对象的最小垂直距离（mm）

喷头类型	最小垂直距离
标准覆盖面积洒水喷头、扩大覆盖面积洒水喷头	450
特殊应用喷头、早期抑制快速响应喷头	900

4）直立型、下垂型喷头与梁、通风管道等障碍物的距离宜符合图 2-63 和表 2-21 的规定。

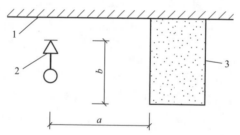

图 2-63　喷头与梁、通风管道等障碍物的距离

1—顶板；2—直立型喷头；3—梁（或通风管道）

表 2-21　　　　喷头与梁、通风管道等障碍物的距离（mm）

喷头与梁、通风管道的水平距离 a	喷头溅水盘与梁或通风管道的底面的垂直距离 b		
	标准覆盖面积洒水喷头	扩大覆盖面积洒水喷头、家用喷头	早期抑制快速响应喷头、特殊应用喷头
$a < 300$	0	0	0
$300 \leqslant a < 600$	$b \leqslant 60$	0	$b \leqslant 40$
$600 \leqslant a < 900$	$b \leqslant 140$	$b \leqslant 30$	$b \leqslant 140$
$900 \leqslant a < 1200$	$b \leqslant 240$	$b \leqslant 80$	$b \leqslant 250$
$1200 \leqslant a < 1500$	$b \leqslant 350$	$b \leqslant 130$	$b \leqslant 380$
$1500 \leqslant a < 1800$	$b \leqslant 450$	$b \leqslant 180$	$b \leqslant 550$
$1800 \leqslant a < 2100$	$b \leqslant 600$	$b \leqslant 230$	$b \leqslant 780$
$a \geqslant 2100$	$b \leqslant 880$	$b \leqslant 350$	$b \leqslant 780$

（3）图示说明。喷头布置示意图见图 2-64。

（a）

（b）

图 2-64　喷头布置示意图

（a）错误做法；（b）正确做法

2.7.5　喷头选型不符合要求

（1）问题概述。

1）选型错误，直立型喷头错装成了下垂型喷头。

2）设计文件明确要求选用快速响应喷头的部位，施工却选型安装了特殊响应喷头或标准响应喷头。

3）喷头动作温度与保护区域环境温度不匹配，如厨房选用 68℃温度等级的喷头。

4）快速响应喷头和其他热敏性能喷头混装在同一隔间内。

5）净空高度超过 8m 的场所，选用流量系数 K=80 的喷头。

6）洁净厂房等场所预作用系统吊顶下喷头未选用干式下垂型洒水喷头。

7）单排布置边墙型喷头的宿舍、旅馆建筑客房、医疗建筑病房和办公室等场所，当保护跨度大于 3m 时，仍选用标准覆盖面积边墙型洒水喷头。

（2）规范要求。《自动喷水灭火系统设计规范》（GB 50084—2017）有关规定：

1）设置闭式系统的场所，洒水喷头类型和场所的最大净空高度应符合表 2-22 的规定；仅用于保护室内钢屋架等建筑构件的洒水喷头和设置货架内置洒水喷头的场所，可不受此表规定的限制。

表 2-22　　　　　　　　　洒水喷头类型和场所净空高度

设置场所		喷头类型			场所净空高度 h（m）
		一只喷头的保护面积	响应时间性能	流量系数 K	
民用建筑	普通场所	标准覆盖面积洒水喷头	快速响应喷头 特殊响应喷头 标准响应喷头	$K \geqslant 80$	$h \leqslant 8$
		扩大覆盖面积洒水喷头	快速响应喷头	$K \geqslant 80$	
	高大空间场所	标准覆盖面积洒水喷头	快速响应喷头	$K \geqslant 115$	$8 < h \leqslant 12$
		非仓库型特殊应用喷头			
		非仓库型特殊应用喷头			$12 < h \leqslant 18$
厂房		标准覆盖面积洒水喷头	特殊响应喷头 标准响应喷头	$K \geqslant 80$	$h \leqslant 8$
		扩大覆盖面积洒水喷头	特殊响应喷头	$K \geqslant 80$	
		标准覆盖面积洒水喷头	特殊响应喷头 标准响应喷头	$K \geqslant 115$	$8 < h \leqslant 12$
		非仓库型特殊应用喷头			
仓库		标准覆盖面积洒水喷头	特殊响应喷头 标准响应喷头	$K \geqslant 80$	$h \leqslant 9$
		仓库型特殊应用喷头			$h \leqslant 12$
		早期抑制快速响应喷头			$h \leqslant 13.5$

2）闭式系统的洒水喷头，其公称动作温度宜高于环境最高温度 30℃。

3）湿式系统的洒水喷头选型应符合下列规定：

a. 不做吊顶的场所，当配水支管布置在梁下时，应采用直立型洒水喷头；

b. 吊顶下布置的洒水喷头，应采用下垂型洒水喷头或吊顶型洒水喷头。

4）干式系统、预作用系统应采用直立型洒水喷头或干式下垂型洒水喷头。

5）下列场所宜采用快速响应洒水喷头。当采用快速响应洒水喷头时，系统应为湿式系统。

a．公共娱乐场所、中庭环廊。

b．医院、疗养院的病房及治疗区域，老年、少儿、残疾人的集体活动场所。

c．超出消防水泵接合器供水高度的楼层。

d．地下商业场所。

6）同一隔间内应采用相同热敏性能的洒水喷头。

7）边墙型标准覆盖面积洒水喷头的最大保护跨度与间距，应符合表 2-23 的规定。

表 2-23　　　　　边墙型标准覆盖面积洒水喷头的最大保护跨度与间距

火灾危险等级	配水支管上喷头的最大间距（m）	单排喷头的最大保护跨度（m）	两排相对喷头的最大保护跨度（m）
轻危险级	3.6	3.6	7.2
中危险级 I 级	3.0	3.0	6.0

8）边墙型扩大覆盖面积洒水喷头的最大保护跨度和配水支管上的洒水喷头间距，应按洒水喷头工作压力下能够喷湿对面墙和邻近端墙距溅水盘 1.2m 高度以下的墙面确定，且保护面积内的喷水强度应符合改该文件中表 5.0.1 的规定。

（3）图示说明。喷头选型示意图见图 2-65。

2.7.6　自动喷水防护冷却系统安装不符合要求

（1）问题概述。

1）选用下垂型洒水喷头且水平安装，保护防火玻璃墙，不符合要求。

2）选用边墙型洒水喷头且下垂安装，保护防火玻璃墙，不符合要求。

3）保护防火玻璃墙的水平边墙型洒水喷头加装挡水板，不符合要求。

4）防火玻璃墙防护冷却喷头安装间距、与顶板的距离、与防火分隔设施的水平距离不符合要求。

5）自动喷水防护冷却喷头配水支管直接与建筑室内喷淋配水管连接，系统未独立设置。

（2）规范要求。《自动喷水灭火系统设计规范》（GB 50084—2017）有关规定：

1）当采用防护冷却系统保护防火卷帘、防火玻璃墙等防火分隔设施时，系统应独立设置，且应符合下列要求：

a. 喷头设置高度不应超过 8m；当设置高度为 4 ～ 8m 时，应采用快速响应洒水喷头。

b. 喷头设置高度不超过 4m 时，喷水强度不应小于 0.5L/（s·m）；当超过 4m 时，每增加 1m，喷水强度应增加 0.1L/（s·m）。

c. 喷头设置应确保喷洒到被保护对象后布水均匀，喷头间距应为 1.8 ～ 2.4m；喷头溅水盘与防火分隔设施的水平距离不应大于 0.3m，与顶板的距离应符合该文件中 7.1.15 的规定。

d. 持续喷水时间不应小于系统设置部位的耐火极限要求。

下垂型喷头　　直立型喷头
喷头公称动作温度宜高于环境最高温度30℃，例：厨房应选用93℃（绿色）洒水喷头

下垂型喷头　　直立型喷头
有吊顶场所可选用下垂型喷头
无吊顶场所可选用直立型喷头

干式下垂型洒水喷头
适用于喷头下垂安装的干式系统和预作用系统

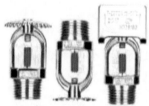

上喷68℃　下喷68℃　侧喷68℃
特殊响应型：玻璃球直径5mm

68℃上喷　68℃下喷　68℃侧喷
快速响应型：玻璃球直径3mm

标准覆盖面水平边墙型喷头　扩大覆盖面水平边墙型喷头

图 2-65　喷头选型示意图

2）自动喷水防护冷却系统可采用边墙型洒水喷头。

3）边墙型洒水喷头溅水盘与顶板和背墙的距离应符合表 2-24 的规定。

表 2-24　　　　　　边墙型洒水喷头溅水盘与顶板和背墙的距离（mm）

喷头类型		喷头溅水盘与顶板的距离 S_L	喷头溅水盘与背墙的距离 S_w
边墙型标准覆盖面积洒水喷头	直立式	$100 \leqslant S_L \leqslant 150$	$50 \leqslant S_w \leqslant 100$
	水平式	$150 \leqslant S_L \leqslant 300$	—
边墙型扩大覆盖面积洒水喷头	直立式	$100 \leqslant S_L \leqslant 150$	$100 \leqslant S_w \leqslant 150$
	水平式	$150 \leqslant S_L \leqslant 300$	—
边墙型家用喷头		$100 \leqslant S_L \leqslant 150$	—

（3）图示说明。自动喷水防护冷却系统安装示意图见图 2-66。

（a）

（b）

图 2-66　自动喷水防护冷却系统安装示意图
（a）错误做法；（b）正确做法

2.7.7　报警阀组安装不符合要求

（1）问题概述。

1）雨淋报警阀或预作用报警阀的电磁阀入口处未安装过滤器，水中杂质会影响电磁阀的启闭。

2）与其他报警阀并联安装的雨淋报警阀或预作用报警阀，其控制腔进水管路入口未安装止回阀，当报警阀入口水压产生波动时，可能引起其他雨淋报警阀或预作用报警阀的误动作。

3）雨淋报警阀或预作用报警阀组的复位阀，在系统正常运行时设在常开状态，造成报警阀防复位功能失效，甚至还会导致报警阀无法正常开启，无法供水灭火。

4）预作用报警阀组配套的空气压缩机组、空气维持装置安装不符合要求。

5）安装在喷淋保护现场的报警阀组，未设置防护围栏和警示标志，容易被碰撞甚至损坏。

6）报警阀组安装高度太低或太高，操作不方便。

7）报警阀安装部位室内地面未设置排水设施。

8）报警阀进出口的控制阀采用普通涡轮蝶阀，且未设置锁定阀位的锁具。

9）自动喷水灭火系统设置 2 个及以上报警阀组，未采用环状供水管道。

10）环状供水管道上设置的控制阀采用普通涡轮蝶阀，且未设置锁定阀位的锁具。

（2）规范要求。

1）《自动喷水灭火系统设计规范》（GB 50084—2017）有关规定：

a．雨淋报警阀组的电磁阀，其入口应设过滤器。并联设置雨淋报警阀组的雨淋系统，其雨淋报警阀控制腔的入口应设止回阀。

b．报警阀组宜设在安全及易于操作的地点，报警阀距地面的高度宜为 1.2m。设置报警阀组的部位应设有排水设施。

c．连接报警阀进出口的控制阀应采用信号阀。当不采用信号阀时，控制阀应设锁定阀位的锁具。

d．当自动喷水灭火系统中设有 2 个及以上报警阀组时，报警阀组前应设环状供水管道。环状供水管道上设置的控制阀应采用信号阀；当不采用信号阀时，应设锁定阀位的锁具。

2）《自动喷水灭火系统施工及验收规范》（GB 50261—2017）有关规定：

报警阀组的安装应在供水管网试压、冲洗合格后进行。安装时应先安装水源控制阀、报警阀，然后进行报警阀辅助管道的连接。水源控制阀、报警阀与配水干管的连接，应使水流方向一致。报警阀组安装的位置应符合设计要求；

当设计无要求时，报警阀组应安装在便于操作的明显位置，距室内地面高度宜为 1.2m；两侧与墙的距离不应小于 0.5m；正面与墙的距离不应小于 1.2m；报警阀组凸出部位之间的距离不应小于 0.5m。安装报警阀组的室内地面应有排水设施，排水能力应满足报警阀调试、验收和利用试水阀门泄空系统管道的要求。

（3）图示说明。报警阀组安装示意图见图 2-67。

预作用阀复位阀处于常开状态，造成防复位功能失效，甚至导致报警阀无法正常开启

预作用报警阀组未安装空气维持装置，空气压缩机直接往管网供气

喷淋保护现场报警阀组，未设置防护围栏和警示标志

报警阀安装高度偏低，操作不方便

报警阀室未设置排水设施

报警阀进出口的控制阀采用普通涡轮蝶阀，且未设置锁定阀位的锁具

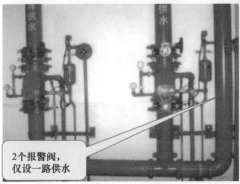
2 个报警阀，仅设一路供水

报警阀供水环管控制阀采用普通涡轮蝶阀，且未设置锁定阀位的锁具

（a）

图 2-67　报警阀组安装示意图（一）

（a）错误做法

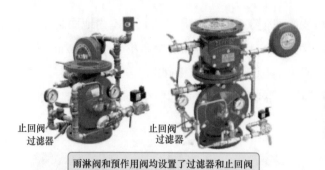

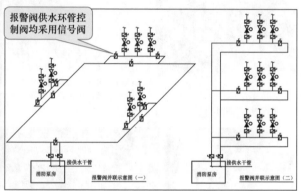

（b）

图 2-67　报警阀组安装示意图（二）

（b）正确做法

2.7.8　报警阀水力警铃安装不符合要求

（1）问题概述。报警阀水力警铃安装在消防泵房或湿式报警阀室内，不符合规范要求。

（2）规范要求。

1）《自动喷水灭火系统设计规范》（GB 50084—2017）有关规定：

水力警铃的工作压力不应小于 0.05MPa，并应符合下列规定：①应设在有人值班的地点附近或公共通道的外墙上；②与报警阀连接的管道，其管径应为 20mm，总长不宜大于 20m。

2）《自动喷水灭火系统施工及验收规范》（GB 50261—2017）有关规定：

水力警铃应安装在公共通道或值班室附近的外墙上，且应安装检修测试用的阀门，接水管应用镀锌钢管，当管径为 20mm 时，其长度不应大于 20m；

安装后水力警铃启动时，警铃声强不应小于 70dB。

（3）图示说明。报警阀水力警铃安装示意图见图 2-68。

水力警铃安装在消防泵房内

水力警铃安装在报警阀室内

（a）

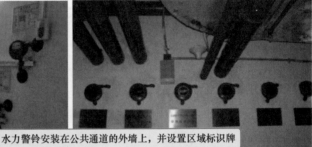

水力警铃安装在公共通道的外墙上，并设置区域标识牌

水力警铃安装在消防泵房内

水力警铃安装在报警阀室内

（b）

图 2-68　报警阀水力警铃安装示意图

（a）错误做法；（b）正确做法

2.7.9 喷淋末端试水装置安装不符合要求

（1）问题概述。

1）喷淋末端试水装置未按设计要求安装在系统最不利点洒水喷头处，或其他喷淋分区未按设计要求安装相应的试水阀。

2）喷淋末端试水装置缺少压力表、表阀或试水接头等组件。

3）喷淋末端试水装置未采取孔口出流的方式排入排水管道。

4）报警阀组喷淋分区内存在不同流量系数的喷头时，选用流量系数较大的试水接头。

5）末端试水排水立管管径小于 75mm。

6）末端试水装置和试水阀安装在隐蔽或空间狭窄的部位，压力表表盘未正对操作面，且未设置喷淋分区标识，不方便检查和试验。

（2）规范要求。

1）《自动喷水灭火系统设计规范》（GB 50084—2017）有关规定：

a. 每个报警阀组控制的最不利点洒水喷头处应设末端试水装置，其他防火分区、楼层均应设直径为 25mm 的试水阀。

b. 末端试水装置应由试水阀、压力表以及试水接头组成。试水接头出水口的流量系数，应等同于同楼层或防火分区内的最小流量系数洒水喷头。末端试水装置的出水，应采取孔口出流的方式排入排水管道，排水立管宜设伸顶通气管，且管径不应小于 75mm。

c. 末端试水装置和试水阀应有标识，距地面的高度宜为 1.5m，并应采取不被他用的措施。

2）《自动喷水灭火系统施工及验收规范》（GB 50261—2017）有关规定：

末端试水装置和试水阀的安装位置应便于检查、试验，并应有相应排水能力的排水设施。

（3）图示说明。喷淋末端试水装置安装示意图见图 2-69。

2.7.10 排气阀安装不符合要求

（1）问题概述。

1）湿式系统排气阀未安装在配水干管顶部。

2）干式系统或预作用系统快速排气阀未安装在配水管的末端。

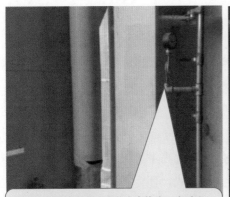

喷淋末端试水装置未安装出水接头，未采取孔口出流的排水方式，压力表未安装检修阀，压力表表盘未正对操作面

喷淋末端试水装置安装空间狭窄，阀门操作不方便，且未设置喷淋分区标识

（a）

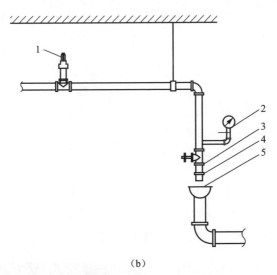

（b）

图 2-69　喷淋末端试水装置安装示意图

（a）错误做法；（b）正确做法

1—最不利点处喷头；2—压力表；3—球阀；4—试水接头；5—排水漏斗

3）排气阀入口前未安装检修阀门。

4）干式系统或预作用系统有压充气管道快速排气阀入口前未设置电动阀。

5）水平安装的电动排气阀组，未设置固定支架，系统管网排气过程中产生的振动，会造成管路接口泄漏。

（2）规范要求。

1）《自动喷水灭火系统设计规范》（GB 50084—2017）规定自动喷水灭火

系统应有下列组件、配件和设施：

　　a．应设有泄水阀（或泄水口）、排气阀（或排气口）和排污口。

　　b．干式系统和预作用系统的配水管道应设快速排气阀。

　　c．有压充气管道的快速排气阀入口前应设电动阀。

　　2）《自动喷水灭火系统施工及验收规范》（GB 50261—2017）有关规定：

　　a．管道支架、吊架、防晃支架的安装应符合下列要求：喷淋末端试水装置安装空间狭窄，阀门操作不方便，且未设置喷淋分区标识喷淋末端试水装置未安装出水接头，未采取孔口出流的排水方式，压力表未安装检修阀，压力表表盘未正对操作面 1181 管道应固定牢固；管道支架或吊架之间的距离不应大于表 2-25 和表 2-26 的规定。

表 2-25　　　　　　　镀锌钢管道、涂覆钢管道支架或吊架之间的距离

公称直径（mm）	25	32	40	50	70	80	100	125	150	200	250	300
距离（m）	3.5	4.0	4.5	5.0	6.0	6.0	6.5	7.0	8.0	9.5	11.0	12.0

表 2-26　　　　　　　　　不锈钢管道的支架或吊架之间的距离

公称直径DN（mm）	25	32	40	50～100	150～300
水平管（m）	1.8	2.0	2.2	2.5	3.5
立管（m）	2.2	2.5	2.8	3.0	4.0

注　1．在距离各管件或阀门 100mm 以内应采用管卡牢固固定，特别在干管变支管处。
　　2．阀门等组件应加设承重支架。

　　b．排气阀的安装应在系统管网试压和冲洗合格后进行；排气阀应安装在配水干管顶部、配水管的末端，且应确保无渗漏。

　　（3）图示说明。排气阀安装示意图见图 2-70。

排气阀入口前未
安装检修阀门

电动排气阀支管上
未设置支吊架固定

图 2-70　排气阀安装示意图（错误做法）

2.7.11　架空消防管道标识不符合要求

（1）问题概述。

1）架空消防管道未刷红色油漆或未涂红色环圈标志。

2）架空消防管道未注明管道名称及无水流方向标识。

（2）规范要求。《自动喷水灭火系统施工及验收规范》（GB 50261—2017）有关规定：

架空管道外应刷红色油漆或涂红色环圈标志，并应注明管道名称和水流方向标识。红色环圈标志，宽度不应小于 20mm，间隔不宜大于 4m，在一个独立的单元内环圈不宜少于 2 处。

（3）图示说明。架空消防管道标识示意图见图 2-71。

消防管道未刷红色油漆或涂红色环圈标志

消防管道未注明系统名称及水流方向

（a）

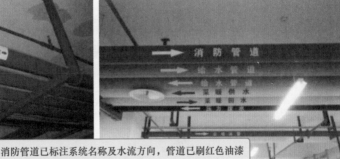

消防管道已标注系统名称及水流方向，管道已刷红色油漆

（b）

图 2-71　架空消防管道标识示意图

（a）错误做法；（b）正确做法

2.7.12 试验消火栓安装不符合要求

（1）问题概述。

1）试验消火栓箱内缺少压力表、水带、水枪和消火栓按钮等配件。

2）试验消火栓安装不规范。

（2）规范要求。《消防给水及消火栓系统技术规范》（GB 50974—2014）有关规定：

设有室内消火栓的建筑应设置带有压力表的试验消火栓，其设置位置应符合规定。

（3）图示说明。试验消火栓安装示意图见图 2-72。

（a）

主要器材表

编号	名称	材质	规格	单位	数量
1	消火栓箱	钢、钢喷塑、钢-铝合金、钢-不锈钢	800×650×240	个	1
2	消火栓	—	DN65	个	1
3	水枪	全铜、铝合金	由设计定	个	1
4	水带	内衬里	DN65 L=25m	个	1
5	压力表	—	Y-100 0~1.6MPa	套	1
6	消防按钮	—	成品	个	1

试验消火栓箱正确做法

（b）

图 2-72　试验消火栓安装示意图

（a）错误做法；（b）正确做法

第3章 电气消防常见问题

3.1 电力电缆消防

3.1.1 不同区域之间的墙、板孔洞处，应进行防火封堵

（1）问题概述。发生火灾时，若电缆及其管、沟穿过不同区域之间的墙、板孔洞处未进行封堵，火灾及火灾中产生的有毒烟气可能会通过这些孔洞蔓延到相邻的区域，危害起火源以外区域的人员和设备安全。

（2）规范要求。《电力工程电缆设计标准》（GB 50217—2018）有关规定：

电缆及其管、沟穿过不同区域之间的墙、板孔洞处，应采用防火封堵材料严密堵塞。

（3）图示说明。防火封堵示意图见图3-1。

（a）

（b）

图 3-1 防火封堵示意图
（a）错误做法；（b）正确做法

3.1.2 变电站电缆沟防火墙上部的电缆盖板应用红色作出标志

（1）问题概述。发生火灾时，若站场内电缆沟防火墙标识未涂刷为红色或标识不清晰，而不能及时采取正确灭火方案和灭火措施，延误救火导致事故范围扩大，危害起火源以外区域的人员和设备安全。

（2）规范要求。《国家电网公司变电验收管理规定（试行）》（国家电网企管〔2017〕206号）有关规定：

变电站电缆沟防火墙上部的电缆盖板应用红色作出标志，标明"防火墙"字样并编号，间隔不应大于60m。

（3）图示说明。电缆盖板红色标志示意图见图3-2。

（a）   （b）

图3-2 电缆盖板红色标志示意图
（a）错误做法；（b）正确做法

3.1.3 靠近充油设备的电缆沟，应设有防火延燃措施

（1）问题概述。发生火灾时，若近充油设备的电缆沟未设有防火延燃措施，变压器油流入电缆沟内，导致事故范围扩大，危害起火源以外区域的人员和设备安全。

（2）规范要求。《电力设备典型消防规程》（DL 5027—2015）有关规定：
靠近充油设备的电缆沟，应设有防火延燃措施，盖板应封堵。

（3）图示说明。电缆沟延燃措施示意图见图3-3。

（a）　　　　　　　　　　　　（b）

图 3-3　电缆沟延燃措施示意图
（a）错误做法；（b）正确做法

3.1.4　动力电缆与控制电缆间应该设置耐火隔板

（1）问题概述。动力电缆发生故障例如短路烧线甚至起火时，若无耐火隔板，将会破坏邻近的控制电缆导致邻近控制回路故障，可能无法及时、有效地对设备进行操作，导致事故范围扩大，危害起火源以外区域的人员和设备安全。

（2）规范要求。《电力设备典型消防规程》（DL 5027—2015）有关规定：

施工中动力电缆与控制电缆不应混放、分布不均及堆积乱放。在动力电缆与控制电缆之间，应设置层间耐火隔板。

（3）图示说明。动力电缆与控制电缆间耐火隔板意图见图 3-4。

（a）　　　　　　　　　　　　（b）

图 3-4　动力电缆与控制电缆间耐火隔板意图
（a）错误做法；（b）正确做法

3.1.5　电缆夹层、沟道、竖井内应该保持整洁，不得堆放杂物

（1）问题概述。发生火灾时，若近电缆夹层、沟道、竖井内堆放杂物，

不仅会拖延救援进度，还会加大火势，导致事故范围扩大，危害起火源以外区域的人员和设备安全。

（2）规范要求。《电力设备典型消防规程》（DL 5027—2015）有关规定：

电缆夹层、隧（廊）道、竖井、电缆沟内应保持整洁，不得堆放杂物，电缆沟洞严禁积油。

3.2　消防供配电、应急照明及疏散指示系统

3.2.1　消防用电设备未在最末一级配电箱处设置自动切换装置

（1）问题概述。消防控制室、消防水泵房、防烟和排烟风机房的消防用电设备及消防电梯的供电，未在其配电线路的最末一级配电箱处设置双电源自动切换装置。

（2）规范要求。《建筑设计防火规范（2018 年版）》（GB 50016—2014）有关规定：

消防控制室、消防水泵房、防烟和排烟风机房的消防用电设备及消防电梯等的供电，应在其配电线路的最末一级配电箱处设置自动切换装置。

注：本条规定的最末一级配电箱：对于消防控制室、消防水泵房、防烟和排烟风机房的消防用电设备及消防电梯等，为上述消防设备或消防设备室处的最末级配电箱；对于其他消防设备用电，如防火卷帘、消防应急照明和疏散指示标志等，为这些用电设备所在防火分区的配电箱。

（3）图示说明。配电箱处自动切换装置示意图见图 3-5。

未设置双电源自动
切换装置

（a）

图 3-5　配电箱处自动切换装置示意图（一）

（a）错误做法

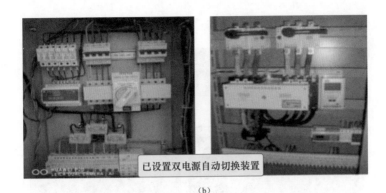

（b）

图 3-5　配电箱处自动切换装置示意图（二）

（b）正确做法

3.2.2　按一级负荷供电的消防电源设置不符合规范要求

（1）问题概述。一级负荷供电要求的现场正式供电电源未送电，达不到消防用电的负荷等级要求；消防系统供电未采用双重电源。

（2）规范要求。《供配电系统设计规范》（GB 50052—2009）有关规定：

一级负荷应由双重电源供电，当一电源发生故障时，另一电源不应同时受到损坏。

注：一级负荷电源来自两个不同发电厂或来自两个区域变电站（电压一般在 35kV 及以上）电源来自一个区域变电站的，另一个应设置自备发电设备。

（3）图示说明。消防电源设置示意图见图 3-6。

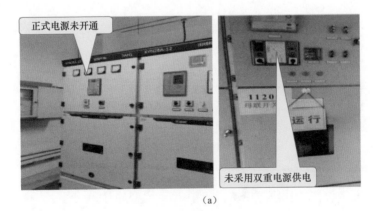

（a）

图 3-6　消防电源设置示意图（一）

（a）错误做法

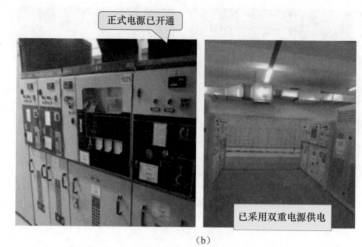

（b）

图 3-6　消防电源设置示意图（二）

（b）正确做法

3.2.3　消防应急灯具应选用节能光源的灯具且色温不应低于 2700K

（1）问题概述。如果灯具色温太低，就是暖光源，暖光源和火焰光十分相似，在烟雾中穿透效果差容易让人误会是火光不敢靠近就近疏散。

（2）规范要求。《消防应急照明和疏散指示系统技术标准》（GB 51309—2018）有关灯具的选择应符合下列规定：

1）应选择采用节能光源的灯具，消防应急照明灯具的光源色温不应低于2700K。

2）不应采用薄光型指示标志替代消防应急标志灯具（以下简称"标志灯"）。

3）灯具的蓄电池电源宜优先选择安全性高、不含重金属等对环境有害物质的蓄电池。

4）设置在距地面 8m 及以下的灯具的电压等级及供电方式应符合下列规定：

a. 应选择 A 型灯具。

b. 地面上设置的标志灯应选择集中电源 A 型灯具。

c. 未设置消防控制室的住宅建筑，疏散走道、楼梯间等场所可选择自带电源 B 型工具。

3.2.4　保持视觉连续的方向标志灯等不符合规范要求

（1）问题概述。疏散通道地面上设置的灯光型疏散指示标志未指向安全出口；疏散指示灯在火灾情况下指示方向不准确；保持视觉连续的方向标志灯未设置在疏散走道地面的中心位置。

（2）规范要求。《消防应急照明和疏散指示系统技术标准》（GB 51309—2018）有关规定：

1）根据建、构筑物的疏散预案确定该疏散单元的疏散指示方案。对于具有一种疏散预案的场所，按照各疏散路径的流向确定该场所各疏散走道、通道上设置的指示疏散方向的消防应急标志灯具（以下简称"方向标志灯"）箭头指示方向；对于具有两种及以上疏散预案的场所，首先按照不同疏散预案对应的各疏散路径的流向确定该场所各疏散走道、通道上设置的方向标志灯的指示箭头方向；同时，按照不同疏散预案对应的疏散出口变更情况，确定各疏散出口设置的指示出口消防应急标志灯具（以下简称"出口标志灯"）的工作状态，即预先分配的疏散出口不能再用于疏散时，该出口设置的出口标志灯"出口指示标志"的光源应熄灭、"禁止入内"指示标志的光源应点亮。

2）保持视觉连续的方向标志灯应符合下列规定：

a．应设置在疏散通道、疏散通道地面的中心位置。

b．灯具的设置间距不应大于 3m。

（3）图示说明。方向标志灯设置示意图见图 3-7。

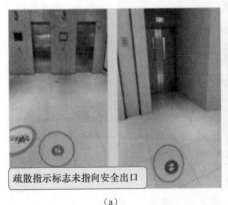

（a）　　　　　　　　　　　　　　　　（b）

图 3-7　方向标志灯设置示意图

（a）错误做法；（b）正确做法

3.2.5　配电室、消防控制室等发生火灾仍需工作、值守区域，未设置应急照明灯或备用照明

（1）问题概述。配电室、消防控制室、消防水泵房、自备发电机房等发生火灾仍需工作、值守区域未设置应急照明灯或备用照明，此类场所消防应急照明和消防备用照明不能互相替代。

（2）规范要求。

1）《消防应急照明和疏散指示系统技术标准》（GB 51309—2018）有关规定：

a.配电室、消防控制室、消防水泵房、自备发电机房等发生火灾时仍需工作、值守的区域，应设置应急照明灯，最低照度不应低于 1.0lx。

b.避难间（层）及配电室、消防控制室、消防水泵房、自备发电机房等发生火灾时仍需工作、值守的区域应同时设置备用照明、疏散照明和疏散指示标志。

2）《建筑设计防火规范（2018 年版）》（GB 50016—2014）有关规定：

消防控制室、消防水泵房、自备发电机房、配电室、防排烟机房以及发生火灾时仍需正常工作的消防设备房应设置备用照明，其作业面的最低照度不应低于正常照明的照度。

（3）图示说明。应急照明灯设置示意图见图 3-8。

消防控制室未设置应急照明灯和备用照明

（a）

图 3-8　应急照明灯设置示意图（一）

（a）错误做法

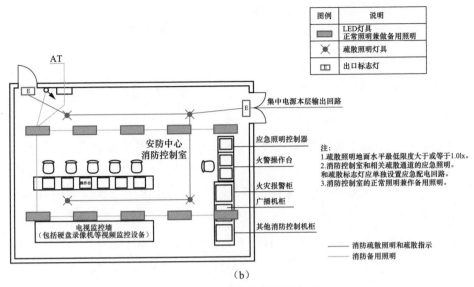

图例	说明
▬	LED灯具 正常照明兼做备用照明
✱	疏散照明灯具
E	出口标志灯

集中电源本层输出回路

应急照明控制器

火警操作台

火灾报警柜

广播机柜

其他消防控制机柜

安防中心
消防控制室

电视监控墙
（包括硬盘录像机等视频监控设备）

注：
1.疏散照明地面水平最低限度大于或等于1.0lx。
2.消防控制室和相关疏散通道的应急照明。
和疏散标志灯应单独设置应急配电回路。
3.消防控制室的正常照明兼作备用照明。

—— 消防疏散照明和疏散指示
—— 消防备用照明

（b）

图 3-8　应急照明灯设置示意图（二）

（b）正确做法

3.2.6　应急照明安装不符合规范

（1）问题概述。应急照明用插座连接；应急照明配电箱或集中电源的输入输出回路中不应装设剩余电流动作保护器，输出回路严禁接入系统以外的开关装置、插座及其他负载。急照明安装高度 1.8m 不符合规范要求；应急照明灯具采用普通插头连接时，未采取采用专用工具方可拆卸的技术措施。

（2）规范要求。《消防应急照明和疏散指示系统技术标准》（GB 51309—2018）有关规定：

1）应急照明配电箱或集中电源的输入及输出回路中不应装设剩余电流动作保护器，输出回路严禁接入系统以外的开关装置、插座及其他负载。

2）当条件限制时，照明灯可安装在走道侧面墙上，并应符合下列规定：

a．安装高度不应在距地面 1～2m 之间。

b．在距地面 1m 以下侧面墙上安装时，应保证光线照射在灯具的水平线以下。

3）灯具在侧面墙或柱上安装时，应符合下列规定：

a．可采用壁挂式或嵌入式安装。

b．安装高度距地面不大于 1m 时，灯具表面凸出墙面或柱面的部分不应有尖锐角、毛刺等突出物，凸出墙面或柱面最大水平距离不应超过 20mm。

4）非集中控制型系统中，自带电源型灯具采用插头连接时，应采用专用工具方可拆卸。

3.2.7 电缆桥架、母线在电气竖井内穿越楼板、穿越不同防火分区处未做防火封堵

（1）问题概述。电缆桥架、母线在电气竖井内穿越楼板处和穿越不同防火分隔处未做防火封堵或防火封堵措施不符合规范要求。

（2）规范要求。符合《建筑设计防火规范（2018 年版）》（GB 50016—2014）第 6.2.9 条第 3 款和《建筑电气工程施工质量验收规范》（GB 50303—2015）第 10.2.5 条第 2 款、第 11.2.3 条第 3 款的有关规定。

（3）图示说明。火分区处防火封堵示意图见图 3-9。

电缆桥架穿墙未做防火封堵

电缆桥架穿越楼板未做防火封堵

电缆桥架穿墙未做防火封堵

（a）

母线穿越防火隔墙处已做防火封堵

电缆桥架穿楼板已做防火封堵

（b）

图 3-9 火分区处防火封堵示意图
（a）错误做法；（b）正确做法

3.2.8　消防配电线缆敷设防火保护措施不符合要求

（1）问题概述。

1）消防配电线缆明敷时未穿管（或已穿管但非金属管）保护。

2）金属导管或封闭式金属槽盒未采取防火保护措施（当采用阻燃或耐火电缆并敷设在电缆井、沟内时以及采用矿物绝缘类不燃性电缆除外）。

3）暗敷在不燃性结构层内时保护层厚度未达到 30mm 要求。

（2）规范要求。符合《建筑设计防火规范（2018 年版）》（GB 50016—2014）第 10.1.10 条中第 1、2 款的有关规定。

（3）图示说明。消防配电线防火保护措施示意图见图 3-10。

（a）

（b）

图 3-10　消防配电线防火保护措施示意图

（a）错误做法；（b）正确做法

3.2.9　在有集中报警系统或控制中心报警系统的场所未设置消防电源监控系统

（1）问题概述。设有集中报警系统或控制中心报警系统的场所未设置消防电源监控系统。

（2）规范要求。符合《民用建筑电气设计标准》（GB 51348—2019）第13.3.8条的有关规定。

（3）图示说明。消防电源监控系统示意图见图 3-11。

消防控制室内已设置消防电源监控系统　　火灾报警控制器的双电源箱内已设置电源监控系统

图 3-11　消防电源监控系统示意图（正确做法）

3.2.10　模块设置在配电（控制）柜（箱）内

（1）问题概述。模块设置在配电箱内，由于模块工作电压通常为24V，不应与其他电压等级的设备混装。一旦混装，可能相互产生影响，导致设备不能可靠运行。

（2）规范要求。《火灾自动报警系统设计规范》（GB 50116—2013）有关规定：

每个报警区域内的模块宜相对集中设置在本报警区域内的金属模块箱中。

（3）图示说明。模块设置示意图见图 3-12。

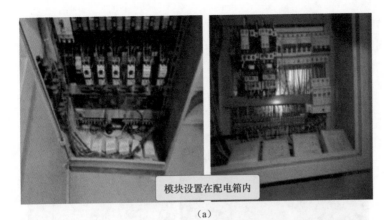

模块设置在配电箱内

（a）

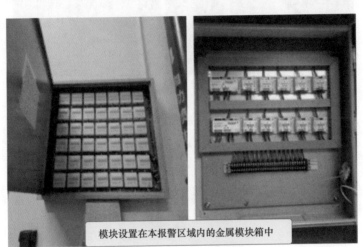

模块设置在本报警区域内的金属模块箱中

（b）

图 3-12 模块设置示意图

（a）错误做法；（b）正确做法

3.2.11 不同的线路穿在同一管内或强弱电线路敷设在同一桥架内等

（1）问题概述。将不同系统、不同电压等级、不同电流类别的线路穿在同一管内或槽盒的同一槽孔内；强弱电线路敷设在同一桥架内，且无分隔设施。

（2）规范要求。

1）《火灾自动报警系统施工及验收标准》（GB 50166—2019）有关规定：

系统应单独布线，除设计要求以外，系统不同回路、不同电压等级和交流与直流的线路，不应布置在同一管内或槽盒的同一槽孔内。

2)《火灾自动报警系统设计规范》(GB 50116—2013)有关规定:

不同电压等级的线缆不应穿入同一根保护管内,当合用同一线槽时,线槽内应有隔板分隔。

(3)图示说明。电线路敷设示意图见图3-13。

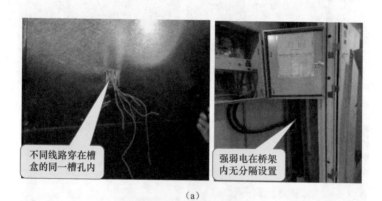

不同线路穿在槽盒的同一槽孔内

强弱电在桥架内无分隔设置

(a)

强弱电在桥架内分隔设置

(b)

图 3-13 电线路敷设示意图
(a)错误做法;(b)正确做法

3.2.12 消防电梯前室未设置火灾光警报器

(1)问题概述。消防电梯前室未设置火灾光警报器,发生火灾时,将会影响人员疏散和灭火救援。

(2)规范要求。《火灾自动报警系统设计规范》(GB 50116—2013)有关规定:

火灾光警报器应设置在每个楼层的楼梯口、消防电梯前室、建筑内部拐角等处的明显部位,且不宜与安全出口指示标志灯具设置在同一面墙上。

（3）图示说明。消防电梯前室火灾光警报器设置示意图见图 3-14。

消防电梯前室未设置火灾光报警器

图 3-14　消防电梯前室火灾光警报器设置示意图（错误做法）

第4章 电力系统建设工程消防验收

4.1 特殊建设工程消防设计审查、验收

4.1.1 根据《中华人民共和国消防法》第十三条和《建设工程消防设计审查验收管理暂行规定》第十四条规定，具有下列情形之一的建设工程是特殊建设工程：

（1）总建筑面积大于20000m^{2}的体育场馆、会堂、公共展览馆的展示厅、博物馆的展示厅。

（2）总建筑面积大于15000m^{2}的民用机场航站楼、客运车站候车室、客运码头候船厅。

（3）总建筑面积大于10000m^{2}的宾馆、饭店、商场、市场。

（4）总建筑面积大于2500m^{2}的影剧院，公共图书馆的阅览室，营业性室内健身房、休闲场馆，医院的门诊楼，大学的教学楼、图书馆、食堂，劳动密集型企业的生产加工车间，寺庙，教堂。

（5）总建筑面积大于1000m^{2}的托儿所、幼儿园的儿童用房，儿童游乐厅等室内儿童活动场所，养老院，福利院，医院、疗养院的病房楼，中小学校的教学楼、图书馆、食堂，学校的集体宿舍，劳动密集型企业的员工集体宿舍。

（6）总建筑面积大于500m^{2}的歌舞厅、录像厅、放映厅、卡拉OK厅、夜总会、游艺厅、桑拿浴室、网吧、酒吧，具有娱乐功能的餐馆、茶馆、咖啡厅。

（7）国家工程建设消防技术标准规定的一类高层住宅建筑。

（8）城市轨道交通、隧道工程，大型发电、变配电工程。

（9）生产、储存、装卸易燃易爆危险物品的工厂、仓库和专用车站、码

头，易燃易爆气体和液体的充装站、供应站、调压站。

（10）国家机关办公楼、电力调度楼、电信楼、邮政楼、防灾指挥调度楼、广播电视楼、档案楼。

（11）设有（1）～（6）所列情形的建设工程。

（12）本条（10）、（11）规定以外的单体建筑面积大于 40000m^2 或者建筑高度超过 50m 的公共建筑。

4.1.2　根据《中华人民共和国消防法》《建设工程消防设计审查验收管理暂行规定》规定：对特殊建设工程实行消防设计审查、消防验收制度，县级以上地方人民政府住房和城乡建设主管部门（以下简称"消防设计审查验收主管部门"）依职责承担本行政区域内建设工程的消防设计审查、消防验收、备案和抽查工作。建设单位应当将消防设计文件报送住房和城乡建设主管部门审查，住房和城乡建设主管部门依法对审查的结果负责，特殊建设工程竣工验收后，建设单位应当向消防设计审查验收主管部门申请消防验收；未经消防验收或者消防验收不合格的，禁止投入使用。

4.1.3　特殊建设工程未经消防设计审查或者审查不合格的，建设单位、施工单位不得施工；其他建设工程，建设单位未提供满足施工需要的消防设计图纸及技术资料的，有关部门不得发放施工许可证或者批准开工报告。

4.1.4　根据《四川省建设工程消防设计审查验收工作实施细则（试行）》（川建行规〔2021〕2 号）规定，申请特殊建设工程消防设计审查，应提交下列材料：

（1）消防设计审查申请表。

（2）消防设计文件。

（3）依法需要办理建设工程规划许可的，应提交建设工程规划许可文件。

（4）依法需要批准的临时性建筑，应提交批准文件。

4.1.5　住房和城乡建设主管部门收到建设单位提交的特殊建设工程消防设计审查申请后，符合下列条件的，应予以受理，并出具"特殊建设工程消防设计审查申请受理凭证"；不符合下列条件其中任意一项的，住房和城乡建设主管部门应出具"特殊建设工程消防设计审查申请不予受理凭证"，并一次性告知需要补正的全部内容。

（1）特殊建设工程消防设计审查申请表信息齐全、完整。

（2）消防设计文件内容齐全、完整（特殊建设工程英提交的特殊消防设计技术资料内容齐全、完整）。

（3）依法需要办理建设工程规划许可的，已提交建设工程规划许可文件。

4.1.6 特殊建设工程具有下列情形之一的，建设单位除提交《四川省建设工程消防设计审查验收工作实施细则》中第九条所列材料外，还应同时提交特殊消防设计技术资料，由省住房和城乡建设主管部门按照相关规定组织特殊消防设计技术资料的专家评审。专家评审意见应作为各市（州）、县（市、区）住房和城乡建设主管部门或技术服务机构开展消防设计技术审查的依据。

（1）国家工程建设消防技术标准没有规定，必须采用国际标准或者境外工程建设消防技术标准的。

（2）消防设计文件拟采用的新技术、新工艺、新材料不符合国家工程建设消防技术标准规定的。

4.1.7 消防设计技术审查符合下列条件的，结论为合格；不符合下列任意一项的，结论为不合格。

（1）消防设计文件编制符合相应建设工程设计文件编制深度规定的要求。

（2）消防设计文件内容符合国家工程建设消防技术标准强制性条文规定。

（3）消防设计文件内容符合国家工程建设消防技术标准中带有"严禁""必须""应""不应""不得"要求的非强制性条文规定。

4.1.8 对符合下列条件的，住房和城乡建设主管部门应出具消防设计审查合格意见。

（1）申请材料齐全、符合法定形式。

（2）设计单位具有相应资质。

（3）消防设计文件符合国家工程建设消防技术标准（特殊消防设计技术资料通过专家评审）。

对不符合上述条件的，住房和城乡建设主管部门应出具消防设计审查不合格意见，并说明理由。

4.1.9 特殊建设工程未经消防设计审查或者审查不合格的，建设单位、施工单位不得施工。建设、设计、施工单位不得擅自修改经审查合格的消防设计文件。确需修改的，建设单位应依照《四川省建设工程消防设计审查验收工作实施细则》重新申请消防设计审查。

4.1.10 特殊建设工程竣工验收后，建设单位应向住房和城乡建设主管部门申请消防验收；未经消防验收或者消防验收不合格的，禁止投入使用。

4.1.11　建设单位编制工程竣工验收报告前，应按规定组织设计、施工、监理、技术服务机构等相关单位开展消防查验工作，组织编制消防查验文件，查验意见应清晰、明确，并对出具的查验文件真实性、准确性、全面性负责。经查验不符合要求的建设工程，建设单位不得编制工程竣工验收报告。

4.1.12　建设单位申请消防验收，应提交下列材料：

（1）消防验收申请表。

（2）工程竣工验收报告（含消防查验文件）。

（3）涉及消防的建设工程竣工图纸。

4.1.13　住房和城乡建设主管部门收到建设单位提交的特殊建设工程消防验收申请后，符合下列条件的，应予以受理，并出具"特殊建设工程消防验收申请受理凭证"；不符合下列条件其中任意一项的，住房和城乡建设主管部门应出具"特殊建设工程消防验收申请不予受理凭证"，并一次性告知需要补正的全部内容。

（1）特殊建设工程消防验收申请表信息齐全、完整。

（2）有符合相关规定的工程竣工验收报告，且竣工验收消防查验内容完整、符合要求。

（3）涉及消防的建设工程竣工图纸与经审查合格的消防设计文件相符。

4.1.14　住房和城乡建设主管部门可以委托具备相应能力的技术服务机构开展特殊建设工程消防验收的消防设施检测、现场评定，并形成意见或者报告，作为出具特殊建设工程消防验收意见的依据。

4.1.15　技术服务机构应将出具的意见或者报告及时反馈住房和城乡建设主管部门。意见或者报告的结论应清晰、明确，并对出具的意见或报告负责。

4.1.16　技术服务机构违规出具特殊建设工程消防设施检测、现场评定虚假或失实报告的，住房和城乡建设主管部门应依法予以查处。

4.1.17　现场评定工作中，抽样查看、测量、设施及系统功能测试应符合下列要求：

（1）每一项目的抽样数量不少于2处，当总数不大于2处时，全部检查。

（2）防火间距、消防车登高操作场地、消防车道的设置及安全出口的形式和数量应全部检查。

4.1.18　消防验收现场评定符合下列条件的，结论为合格；不符合下列条件任意一项的，结论为不合格。

（1）现场评定内容符合经消防设计审查合格的消防设计文件。

（2）现场评定内容符合国家工程建设消防技术标准强制性条文规定的要求。

（3）有距离、高度、宽度、长度、面积、厚度等要求的内容，其与设计图纸标示的数值误差满足国家工程建设消防技术标准的要求；国家工程建设消防技术标准没有数值误差要求的，误差不超过 5%，且不影响正常使用功能和消防安全。

（4）现场评定内容为消防设施性能的，满足设计文件要求并能正常实现。

（5）现场评定内容为系统功能的，系统主要功能满足设计文件要求并能正常实现。

4.1.19　住房和城乡建设主管部门应自受理消防验收申请之日起 15 日内出具消防验收意见。对符合下列条件的，应出具消防验收合格意见。

（1）申请材料齐全、符合法定形式。

（2）工程竣工验收报告内容完备。

（3）涉及消防的建设工程竣工图纸与经审查合格的消防设计文件相符。

（4）现场评定结论合格。

对不符合上述规定条件的，住房和城乡建设主管部门应出具消防验收不合格意见，并说明理由。

4.1.20　城市轨道交通、隧道工程，大型发电、变配电工程，生产、储存、装卸易燃易爆危险物品的工厂、仓库和专用车站、码头，易燃易爆气体和液体的充装站、供应站、调压站等专业建设工程的消防验收，主管部门可以邀请相应行业主管部门、相关设计、施工、安全评估或消防救援等专业技术人员参加。

4.2　其他建设工程消防设计、备案与抽查

4.2.1　根据《中华人民共和国消防法》和《建设工程消防设计审查验收管理暂行规定》及《四川省建设工程消防设计审查验收工作实施细则（试行）》（川建行规〔2021〕2 号）规定，不属于特殊建设工程的工程均为其他建设工程，其他建设工程实行消防验收备案（以下简称"备案"）、抽查。

4.2.2　其他建设工程，建设单位申请施工许可或者申请批准开工报告时，

应提供满足施工需要的消防设计图纸及技术资料。未提供满足施工需要的消防设计图纸及技术资料的，有关部门不得发放施工许可证或者批准开工报告。

4.2.3　对其他建设工程实行备案抽查制度。其他建设工程经依法抽查不合格的，应停止使用。

4.2.4　其他建设工程竣工验收合格之日起 5 个工作日内，建设单位应报住房和城乡建设主管部门备案。建设单位办理备案，应提交下列材料：

（1）消防验收备案表。

（2）工程竣工验收报告（含消防查验文件）。

（3）涉及消防的建设工程竣工图纸。

4.2.5　住房和城乡建设主管部门收到建设单位备案材料后，对符合下列条件的，应出具"建设工程消防验收备案凭证"；不符合下列条件其中任意一项的，住房和城乡建设主管部门应出具"建设工程消防验收不予备案凭证"，并一次性告知需要补正的全部内容。

（1）消防验收备案表信息完整。

（2）具有工程竣工验收报告（含消防查验文件）。

（3）具有涉及消防的建设工程竣工图纸。

4.2.6　住房和城乡建设主管部门在出具备案凭证的同时随机确定检查对象。未被确定为检查对象的办理结果为"建设工程消防验收备案凭证"，被确定为检查对象的办理结果为"建设工程消防验收备案抽查 / 复查结果通知书"。根据备案的其他建设工程项目类型，选定与该工程相匹配的抽取比例进行抽查，其中违反消防法律法规被依法处罚的建设工程抽取比例为 100%，人员密集场所抽取比例为 50%，丙类厂房及库房抽取比例为 20%，其他工程抽取比例为 5%。

4.2.7　住房和城乡建设主管部门对被确定为检查对象的其他建设工程，应按照建设工程消防验收有关规定，检查建设单位提交的工程竣工验收报告的编制是否符合相关规定，竣工验收消防查验内容是否完整、符合要求。备案抽查的现场检查应依据涉及消防的建设工程竣工图纸和建设工程消防验收现场评定有关规定进行。